JN091136

ちょっとした
酪農の
話

現場情報——何が大切？ どう使う？

永井 照久

目次

PART 5　乾乳牛の話 ‥‥‥‥‥‥‥‥‥‥‥ **189**

PART 6　酪農業でメシを食う ‥‥‥‥‥‥‥ **205**

※写真はすべて著者撮影。

PART 1

スーパーカウたちの

ささやき

乳牛は安心して暮らしたい

　草食動物が群れで暮らすメリットは、天敵から身を守りやすいこと、それに次世代へ命をつなぐために繁殖の機会を高めやすいことがあるでしょう。しかし集団での生活はエサや休息場、繁殖相手といった共通資源を巡っては仲間の中で競争が生じるというデメリットもあります。

　乳牛の特質は「好奇心」と「恐怖心」。

　何か興味をひくものを見つけた時などは、卓越した嗅覚を駆使しながら、注意深く対象物へと近づいて自分の好奇心を満たそうとします。しかしわずかでも危険を察知すると、好奇心は瞬時に恐怖心にとって代わり、素早く身を引き、時には一気に逃げ出す行動をとります。さらに1頭が認識した危険は、たちどころに「警戒せよ！」といった"気"となって、一瞬のうちに群れ全体に波紋のように広がります。

　こうした特質のある乳牛が、その高い能力を発揮しつつも、あわせて健康レベルを維持していくには、栄養管理面からのサポートばかりでなく、乳牛を取り巻く環境への配慮も重要であることは論を待たないでしょう。乳牛の安楽性を高めるため、施設のあり方やその維持管理も欠かせないことではありますが、仲間同士との関係、それに人との

関係においても余計なストレスをかけないことも重要であることは相違ありません。精神的な安楽さを高いレベルで保証することは、乳牛の長命性にもかなりの貢献があるものと推測されます。

　乳牛が群れの中でお互い同士、資源の確保のために攻撃や防御といった行動が

多くなるほど、そのこと自体が精神的な負担を強いることになります。群れの中の社会的序列は一定の秩序をもたらすものでありますが、管理者としては低順位の乳牛であっても牛床や飼槽などにアクセスできるチャンスを一定以上のレベルで保証してやらなければなりません。共通資源へのアクセスに制限があるほど下位の牛たちは上位牛から受けるプレッシャーが強まりやすく、結果、群内での勝ち負けが顕著になりがちです。人間社会の職場でも、意地悪なお局（つぼね）が幅を利かしている職場では一般女子職員が受ける精神的なダメージは小さくないようで、その結果、離職率が高まりやすいのも過密下の乳牛たちと類似した事象……なのかもしれません。

　一方で、草食獣は自分が弱っていることを周辺の動物に見抜かれると生命のリスクにさらされやすくなりますから、不調などがあっても耐えられる範ちゅうで、なるべく我慢して悟られないようすることもあります。ところが人間と牛との関係が良好な農場では、乳牛はかなりな部分を〝人を頼る〟ことで生活しているように見受けられます。弱ったなぁといった

分娩。人との関係の真価が問われる時!?

様子を人に見せやすい乳牛は、管理者が安心できる存在として認識しており、信頼関係のある証（あかし）とも言えるでしょう。そしてそのことは日頃の授精などを始めとする管理作業を行いやすくします。

　ところが反対に人の存在そのものが乳牛にとってストレスとなってしまうと、乳牛が感じる恐怖心は増幅されやすく、人の気配を感じるたびに警戒モードを強いられることになります。日常作業も「力によるコントロール」が必要となりやすく、そのことは人をますますイライラさせやすくします。乳牛も体調不良をなるべく悟られないようにふるまうものの、我慢の限界を超えてしまうと誰の目からも明らかな不調を露呈し、重症化していまっているケースも少なくないでしょう。

　とある高い生産性を誇る農場の方が「現在の乳牛の遺伝能力をもってすれば、畜舎環境や栄養管理によって 12,000kg ほどの産乳量はさして高いハードルではない。しかしそれ以上を無理なく積み上げようとするには、人と牛との良好な関係なくしては困難である」と話されていました。まさに正鵠（せいこく）を射た指摘と言えます。

　人が努めて穏やかに乳牛と接することは、余計なコストをかけることなくカウ・コンフォートを提供することにもつながります。

乳牛は安心して横臥したい

　乳牛は多くの時間を横臥に費やしています。ところが同じように体を横たえている乳牛であっても、感じている横臥への満足感は同じではないようです。

　お腹いっぱいにエサを食べ、心地良い牛床やパドック等でゆったりとくつろぎながら反芻している乳牛の様子は心和む景色です。ほとんどの乳牛がこうした様子で多くの時間を過ごしていると、牛群としての生産性や健康レベルも管理者の期待値へと届きやすくなるでしょう。

　こうしたゆったりとした横臥を「満足横臥牛」とすれば、仕方ないから寝てしまおうという「ふて寝牛」もいるでしょう。どれほどの乳牛が横臥しているかをモニターする横臥率は、畜舎内での乳牛の様子を確認する上で参考になりますが、さらに踏み込んで、舎内の乳牛たちがどれほどの安楽性を享受して横臥しているか、あるいはふて寝をしている牛に何が不満なのかを聞き取ってみることも、乳牛の生活満足度を向上させるためには大きなヒントとなるでしょう。

　ふて寝の原因には何があるでしょうか？
　採食したくてもその機会に恵まれないために横臥している牛は、ふて寝牛の範ちゅうに入るでしょう。空腹ではあっても飼槽が空っぽのまま、あるいは首にタコまで作って頑張らないと食べたいエサにまで口が届かない、強い牛に阻まれて食べられるチャンスになかなか恵まれない……といったことで空腹を覚えながらの横臥は、やはり質の良い横臥時間を過ごしているとは言い難いでしょう。

　休めるうちに休んでおかないと横臥できるチャンスを逸しかねないことから横臥行動を優先させている乳牛もいるでしょう。十分な牛床数が提供されていないので自分よりも強い牛たちがストールを空けるチャンスを見計らう、左右に繋留された牛たちが斜めに横臥していたために自分の寝床を長時間占拠されて立ち続けていた、授精のために長時間繋留された、パーラーの待機場で過ごす時間がいつも長い……といった状況にある乳牛たちは、採食行動を犠牲にしてでも横臥しないと体がもたないようです。

　立っているのがつらいことで横臥している乳牛もいるでしょう。ケトーシスや低カルなどによって自分の体が思うに任せられない状態であると、必要以上に横臥時間を長くします。寝起きの際にも倒れ込むように寝たり、立ち上がる際の大儀そうにしている様子からもうかがい知ることができます。また蹄病によって足への負重がきついことから横臥時間は長くなりますが、趾皮膚炎（DD）の場合は横臥してもその不快さが解消されませんから、逆に立っている時間が長くなることもあるようです。

　体のどこかに痛みを感じていると人間も、安楽な横臥ではなくても体を休める時間が長く欲しくなります。体内に炎症（乳房炎や子宮内膜炎など）が起こっていたり、ルーメンアシドーシスなど代謝機能が正常に機能していない時などは、乳牛はやや無理してでも横臥して不調をやり過ごしているのかもしれません。

　寝床の安楽性も横臥行動に大いに関与しています。人には低反発素材など優れたマットレスがありますが、これらと比較すると牛の寝具（牛床）はまだ進化途中にあるようです。管理はなかなか大変ですが、砂ベッドの秀逸さは乳牛の横臥している様子が示してくれています。

　満腹のお腹を抱え、反芻しながらうたた寝、時に爆睡できる「満足横臥」は、乳牛の重要な栄養素のひとつとなっています。

乳牛は安心して食べたい

　美味しいエサがあれば他の牛と争ってでも食べたいか、それともあまり美味しくないエサでもいいから安心した場所で食べた方がいいのか。こうした選択肢が用意された場合、果たして乳牛はどちらを選ぶでしょうか？

　「左に行けば美味しいエサがあるけど、自分より強い牛がたむろしている」。一方「右は自分ひとりで食べられるけれど、あまり美味しくないエサしかない」。こうした状況を目の前にした牛群内の下位にある乳牛は、どちらへと足を運ぶでしょうか？

　こんなユニークな試験※を行った結果、飼槽幅が狭くなるほど、乳牛は美味しくなくても自分ひとりで食べられるエサの方を選ぶ傾向があることが示されました。一般的に標準とされる1頭当たりの飼槽幅60cmでは自分よりも強い牛との競合はなるべく避け、飼槽幅が75cmまで広がってくると強い牛との距離感を保ちやすくなるようで、ようよう自分が本当に食べたい美味しいエサへのアクセスにチャレンジするようです。こうした行動は搾乳牛ばかりでなく、育成や乾乳牛であっても同様の傾向であろうことは想像に難くありません。

　長く連なった飼槽。人にとっては管理もしやすく都合良いレイアウトなのですが、乳牛にとってはこうした場所で横一列並び、前足をそろえての採食は、本来の採食行動からするとかなり特別な様相と言えます。特に給飼直後は隣の牛と肩などを接触させながらの採食ですから、自分のテリトリーの範囲内に他の牛が存在することになります。そうした不快感（？）を一時的に抑えてでも自らの食欲を満たそうとするのと同時に、他の牛たちが採食している姿

に刺激を受けながら行う採食は、品薄な商品へと殺到する消費者の群集心理に通じるところがあるのかもしれません。

　お互いが採食に夢中になっている間は群内の序列は一時的には保留となっているのかもしれませんが、飼槽が激しく込み合ったり、場所によってエサの美味しさが異なる場合などでは、眼（がん）の飛ばし合いや頭突きといった攻撃行動の頻度は高くなります。自分もそして相手も頭の角がなくなっていることを乳牛は認識しているのかどうかは分かりませんが、それでも本能的に頭突かれた牛の方が感じる恐怖は小さくはないでしょう。

　飼槽への自由なアクセスに制限が加わると産乳量を低下させる大きな要因となります。同じ産次・同じ泌乳ステージの乳牛が同じ群で同じエサがあたっていたとしても、個体牛によって採食の自由度に相応の違いがあると牛群の乳検成績に示される検定日乳量階層にバラつきが生じやすくなります。また乾乳期に採食への自由度に差が出やすい環境にあることも、やはり泌乳初期からピークにかけての産乳量のバラつきにつながってきます。

　数頭の図抜けた成績の乳牛が経営にかなり貢献したとしても、下位 20% にある乳牛のパフォーマンスが低すぎてしまうと、平均乳量が上がらないばかりか、儲けの高い牛の利潤を薄めてしまうことになります。牛群全体の成果は、下位に置かれている牛たちに大いに影響されます。

　牛群内に社会的な順列があるのは必然ですが、「TMR を一斉に食べ始めてから 30 〜 60 分程度で山を崩すようにエサ寄せする」、「乳牛がエサが食べたいテンションにある時間帯に特に食べやすいように配慮する」、「水槽や草架を必要な数、確保する」、「乾乳後期や産褥の牛はあまり混み合わないよう特に配慮する」……など牛群内の中位以下の乳牛たちの生活満足度を高めるサポートの積み重ねが牛群全体の成績向上のポイントとなるでしょう。

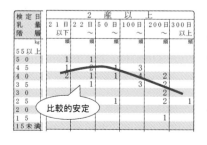

※ Dairy cow feeding space requirements assessed in a Y-maze choice test.（Rioja-Lang et al. J Dairy Sci. 2012）

乳牛は安心して反芻したい

　基礎飼料（粗飼料）に対して濃厚飼料の摂取量が相対的に多くなってくると、乳牛がルーメンアシドーシスを起こさないように配慮した飼料設計や給飼管理が大切となります。同時に、乳牛に反芻を促しやすい環境づくりもその重要性が増してきます。

　ルーメン（第一胃）内で生息するバクテリアは、乳牛が摂取したエサを発酵させて、増殖しています。その過程でバクテリアからは「酸 H^+」（揮発性脂肪酸）が発生しますが、これはいわばバクテリアの排気ガスです。通常のルーメン pH は 6.5 前後、人の皮膚の pH（4.5〜6.0）よりマイルドな弱酸性なのですが、ルーメン内で酸が多くなってくるとその空間はより酸性（acid）へと傾き、ルーメンアシドーシスの状態となります。牛にとっては酸が発生することは織り込み済み（というより必須）なのですが、発酵させる必要のないデンプンをこんなに食べられるようになったのは想定外でしょう。ですから、それを与える管理者はルーメン内 pH が酸性化しすぎないように配慮しなければなりません。

首が長くても反芻

　ルーメン内で発生した酸がそのまま増え続けてしまうと、酸を排出しているほぼ全てのバクテリアさえもその活動を停止してしまいます。そうなる前にルーメン内ではせっせと酸を「吸収」し、「中和」しています。
　吸収された酸は乳牛に欠かせないエネルギー源となり、また乳脂肪を合成する素などにもなっています。一方、中和は酸とアルカリ（塩基）が混ざってお互いの性質を打消しあう作用のことですが、乳牛の唾液は pH の変化

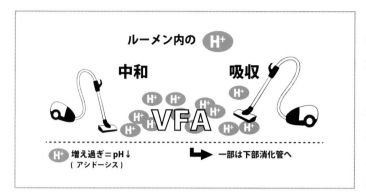

を和らげる緩衝能を有するアルカリ液となっていますから、これが大量に分泌されてルーメンへと流れ込めばアシドーシスのリスクは軽減されます。ですから乳牛には採食時、しっかりと口を動かして咀嚼（そしゃく）してもらう必要があり、そのためにはエサの中には一定レベル以上のセンイが含まれていることが求められます（とはいえ、あまりに噛み応えのあるセンイ分が多くなっては、乳牛が必要とする分のエネルギー分をセンイから確保しづらくなってしまいます）。

　唾液の分泌量は成牛で1日100〜200ℓ、あるいはそれ以上にもなるそうで、これは通常の家庭のバスタブのサイズと遜色ないほどのスゴイ量です。しかしその分泌量は相応の差もあるようですから、エサの中身と管理によっておちょぼ口ではなく、なるべくたくさん口を動かしながら食べてもらい、ルーメン内により多くの唾液を送り込むこととしたいものです。

　唾液は反芻時も分泌されます。リラックスした状態で心置きなく乳牛が反芻時間を確保できることはアシドーシス防止の大切な役割を果たしていることになります。
　とある試験データ※によると、過密な環境におかれた乳牛は反芻時間が短くなり、ルーメンpHが下がりやすい時間が増えることが示されました。濃厚飼料の給与量が増えやすい時期、乳牛が十分にリラックスできない環境下で反芻活動を弱めてしまい、アシドー

シスのリスクを高めやすいことが示唆されます。
　高産乳牛の健康レベルを高く保つためにはルーメンアシドーシスの防御は欠かせません。飼料設計あるいは給飼でのノウハウとともに、乳牛に気分良い反芻を促すような環境作りも重要といえるでしょう。

※『飼養密度と物理的有効繊維がホルスタイン種乳牛のルーメン発酵と行動に及ぼす影響』M. A. Cambell et al.(2015 W. H. Miner)

乳牛はみな女性

　乳牛は産休（乾乳期間）があっても育児休暇は０日です。分娩直後から一流アスリート並みの代謝活動をスタートさせ、日々大量の生乳を提供するホルスタイン種の働きぶりは脱帽ものです。

　１億数千年前まで、次世代へと命を継承する手段は殻でおおわれた卵でした。かけがえのない次世代の命とはいえ、母体とは異なる DNA を有する生命体は異物となりますから、これを体内に留めおくことはできませんでした。ところが生命が進化する過程で「体内で一定期間を身ごもる」というシステムが取り入れら  れました。この大変化はレトロウイルスなるものが遺伝子内へと組み込まれたことで起こったようで、母体の胎児への免疫が抑制され、さらに栄養素を与えて育むというプロセスを作り上げました※。こうした生命の進化にウイルスが関与していたことは驚きですが、途方もなく長い時間の中では、時としてこうした生命の大躍進をもたすような変化が起こるようです。

　現在、ほぼすべての哺乳類で当たり前に行われている受精卵を体内に育てて出産するという仕組みは、改めて考えてみると生命の計り知れない神秘さを感じさせます。

　そして分娩の際、陣痛とともに細い頸管を短時間の内に拡張させて胎児を娩出していますが、その際に程度の差こそあれ産道は傷つき、一時的にせよ無菌状態であるべき内部が外界にさらされる時間ができてしまいます。多大なエネルギーとともに高い衛生レベルが必要とされる

分娩は、まさに命がけと言えます。

　さらには、その直後から自らの血液成分の中から大切な栄養素や免疫成分を提供する泌乳が始まります。この泌乳という機能もその起源をたどると、産んだ卵を雑菌から守るために殺菌力のあるタンパク質（リゾチーム）が汗のように分泌されていたのが、これに関与するDNAにわずかな変異が起きたことで乳の元となったタンパク質（αラクトアルブミン）へと進化したものとされています※。

　こうした次世代へと生命を継承するための一連のシステムは、いずれも女性の特出した生命力によって支えられている活動といってよいでしょう。周産期の女性を大切にしない男性が見限られやすいのも必然なのかもしれません。

　育種改良の進んだホルスタイン種は、分娩後に大量の泌乳を開始します。その際、母牛が大きな不安や恐怖を感じている、あるいは体内のどこかで炎症を起こして痛みを感じた状態のまま、高い真空圧でもって乳頭から生乳を引っ張り出されるのは、なかなか耐えがたい苦痛です。オキシトシンの注射だけで解決を図ることはできないでしょう。

　また高産乳を支えるために乳牛が必要とするエネルギー量も半端ではなく、これをルーメンと肝臓の機能に破たんを来さぬようにコントロールしていくには栄養管理ばかりでなく、高いレベルのカウコンフォートを提供することは欠かせないことであると理解しやすいことです。特に周産期においては一段も二段も高い安楽性を提供しなければ、「乳牛に叱られる……」ことにもなるでしょう。

　乳牛は妊娠・分娩・産乳という不可避なストレスを背負って生きています。特に産乳にかかるストレスは今後も増大していくことになりますから、人がコントロールできる範囲で乳牛たちの生活満足度を高めていく一層の配慮が求められます。

※『NHKスペシャル』生命大躍進

いつもの

　見知らぬ土地への旅。ご当地の食事や宿泊する部屋の様子、その日の天気など様々な思いの中で過ごす行動はワクワク感を覚えますが、非日常の中に身をおくストレスもあるためか、帰宅後は「あぁ〜、やっぱり家が落ち着く」ということも少なくないようです。

　乳牛にとって「いつもと違うことが起こる」ということは、たとえそれが牛に良かれと思って人が行うことであっても、すぐには受け入れがたいこともあり、しばらくの間は警戒モードを敷くことがあります。乳牛にとっては、ほぼ同じ時間帯に、いつ

もと同じことが起きるというリズムで暮らすことは思いのほか重要なようです。

　乳牛は自分を取り巻く環境や雰囲気の変化に敏感で、例えば搾乳スタッフによって出荷乳量が微妙に異なることがあるのはよく知られたことです。これは人による搾乳手順の相違のみで説明がつくものでなく、乳牛が搾乳者に対して感じ取っている気持ちが少

なからず反映した結果であると言えるでしょう。いつも搾乳中にいない人がいる、搾乳ユニット毎のパルセーターの動きにバラつきがある、などといったことも程度の差こそあれ、射乳性に影響してきます。

また農場内の人は誰もタバコを吸わないのに来場者や業者の方がパーラー内で喫煙した残り香がする、暖をとるためにパーラー内でストーブをたいた初日に感じる灯油のにおいがする、といったことも乳牛がパーラー内への侵入をためらう行動をとることになります。さすが厳しい自然を生き抜いてきた草食獣の研ぎ澄まされた五感です。

こうした乳牛たちの生活パターンを利用し、これらを乳牛がとりたい行動を先回りして段取りするような管理が重ねられることは好ましいことでしょう。多くの牛が横臥に入る前にベッドメイキングがしっかりと終わっている、搾乳直後にはきれいな水槽が用意されている、そろそろ食べ終えようかと思う前にさっとエサ寄せが行われる、つなぎ牛舎での排糞の多くなりやすい時間帯の絶妙な糞かきなど、それらはあたかも見事なタイミングでお客様にサービスを行ってくれるハイクラスのレストランでのサービスに匹敵するかのような"おもてなし"で、これらは乳牛たちの生活満足度を高めることになります。

既に確立された乳牛の習慣や行動パターンに対して、新たなリズムを身に着けてもらうには、数日間は管理者側の我慢も必要となることもあるでしょう。

例えば乳牛の採食量。1日のエサの給与量に制限があった場合、給飼後には乳牛は集中して採食します。しかしその後は飼槽へと足を運んでもあまり意味がないことも学習していますから、少々腹が減っても横臥することを優先します。そうした牛群に対して1回の給与量を増やしたとしても思った以上の残飼が出ることがあります。もったいないからと翌日から減らしてしまうと増給した意味を失いますが、飼槽に向かうと食べられるチャンスが増えていることを乳牛が

学習すると、採食や横臥の行動パターンが徐々に変化し、飼料の摂取量を増加させます。結果、ルーメンの容量を徐々に拡張し、肋の張りも良くなり、産乳性に効果をもたらすことになってきます。

うとうと状態

　高産乳牛が必要とするエネルギーを生み出す代謝活動、これは人であれば自転車を懸命にこいでいる状態にも相当するそうです。しかも乳牛の場合はそれが数カ月にもわたりますから、休める時に質の高い休息をとることが肝要となります

　大変な働き者の乳牛に欠かせないものは、飲食といった基本的な欲求に対する高い自由度、それに休息時の安楽性です。特に横臥時間に制約を受けると、乳牛は食べることを少々我慢してでも休息の時間を確保しようとします。休息は乳牛にとって何にも代えがたい栄養素のひとつなのでしょう。

　この大切な乳牛の安楽な休息行動を妨げるものには何があるでしょう。
　横臥中にモゾモゾとする時や寝起きの際に感じる微妙な不快感や体の痛み、窮屈な牛床構造、成型マットの牛床なのに敷料が足りない、冷たすぎる牛床、過密状態、なんとなく邪魔な位置にあるネックレール、横臥スペースの湿り気や濡れ、アブやハエの襲撃、蒸し暑さ、騒音、グルーミングが制限されることで耐え続けなければならない体のかゆさ、体内のどこかで感じる不快さや痛み、新鮮な空気が鼻づらに十分届かない……などが挙げられます。

　これらは、たとえひとつずつは大きな苦痛ではなくても、永続したり、いくつか重なるほど安楽な休息は損なわれ、生産性や長命性を低下に

もつながります。気候や天候に恵まれた時の十分な広さのある放牧地と比較し、人が乳牛に提供している畜舎内の環境がどれだけそれに近づいているかが安楽性を判断する目安となります。

　一般に草食動物は外敵から身を守るために睡眠時間は短い傾向があります。ウシやウマは２〜４時間程度ですが、その睡眠の質も特徴的です。深い眠り（レム睡眠）にある時は筋肉に力が入らず、緊急時にも逃げることが困難になりますから、このタイプの睡眠はごく短時間（数分）にとどめ、それを１日の中で何回かに分けて生活しています。

　また乳牛には覚醒と浅いノンレム睡眠を行ったり来たりする「うとうと状態」があります。これは起きているとも眠っているとも言えない状態で、反芻もできれば、危険を察知すると行動に移ることもできます。爆睡時間の限られた乳牛にとって、安心できる環境でうとうとできる時間を長く確保できることが体調を維持していく上においても重要なのでしょう。睡眠不足であると人はイライラしたり、注意力が散漫になりやすいのですが、うとうと不足の乳牛も適切な代謝や免疫機能を損ないやすいばかりか、本来の温順な性格さえも変わってしまうことになりかねません。

　同じ動物でも野生と比べると動物園などのように安心できる空間で生活していると睡眠時間が長くなるそうです。育成期を含め、乳牛がどれほど上質な休憩時間をとれるかは管理者に大きく依存しますから、働き者の乳牛にできる限りは応えてやりたいものです。

　草食動物で１日20時間以上も睡眠時間を必要とする珍しい動物、それがコアラです。コアラのエサであるユーカリは栄養価が低いこと、オーストラリアという天敵が限られた環境にあること、そしてユーカリに含まれる青酸の解毒に大きなエネルギーを費やすことが多くの休息時間を必要とすることになったようです。乳牛もサイレージなどにカビ毒が含まれていると肝臓にかかる負担が大きくなりやすいので、より長い休息時間を必要とするのかもしれません

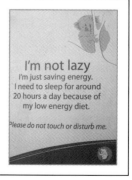

I'm not lazy
I'm just saving energy.
I need to sleep for around
20 hours a day because of
my low energy diet.

Please do not touch or disturb me.

深呼吸できる牛舎

　動植物は自分自身から排出された物質が周辺に滞留することを嫌います。乳牛の場合、炭酸ガスや糞尿がその排出物ですが、これらをなるべく速やかに乳牛の周辺から取り除いてやることが、人工的な建築物の中で飼育することになった人の務めとなります。

　畜舎は乳牛を気象の変化から守り、同時に限られた空間の中で効率良く管理しやすいように工夫されています。こうした人工物の中にあっても外気と遜色のないレベルの空気を乳牛の鼻腔へと供給し続けることは、なかなか容易ではありません。

　畜舎の自然換気は、舎内で暖められた空気が上昇し、オープンリッジなどを通じて天井部分から外部へと排出されます。しかしそこにスズメも入り込めないほど目の細かな防鳥ネットなどが張ってあると排気は大きく制限されやすく、畜舎内に新鮮な空気が入りづらくなります。天井部分のH鋼のさびや木材のくすみが他の場所よりも目立つところは、外部へ抜けていくべき舎内の空気がスムースに排出されづらくなっている証左ですし、そうした場所の下に位置する飼槽付近の空気の質は乳牛が求めるものとはかけ離れやすく、採食スペースとして乳牛には好まれません。かつてハリケーンで天井が飛ばされた畜舎で飼養されていた乳牛がその直後に採食量を伸ばし、それまでの最高乳量を記録したという話がありますが、飼槽付近の空気の質は人が感じている以上に繊細なものなのでしょう。

　搾乳ロボット牛舎はその初期の頃、冷気からロボット本体を守るためにその周辺の保温が優先された畜舎設計となっているものがありました。その結果、ロボット周辺の空気の質は大きく損なわれ、そのことがロボットの効率を悪くさせる主因ともなっていま

した。こうした点は改善されつつありますが、それでも保温と乳牛が求める空気の質を両立させなければならないという課題は今も残されています。

　搾乳ロボットの効率を維持していくためには、共用スペースとなっているロボット周辺から乳牛が不快に感じるにおいを除去し続けることが不可欠ですから、日々の丁寧なロボット清掃は大切な仕事となるでしょう。

　舎内に設置された換気扇は乳牛の体に直接風を送り、暑熱ストレスを軽減することにも用いられますが、畜舎で空気を動かすことと換気の良さとは必ずしも一致しません。"換気"は文字通り空気の入れ換えで、舎内の空気をかき混ぜることではありません。畜舎内の空気をどれほどの頻度で交換できるかによって畜舎の換気力が決まります。

　人は特に強い悪臭でもない限り、においにはすぐに慣れてしまいます。畜舎内の空気が乳牛の求めるレベルにあるかは、人が畜舎内のにおいに意識して注意する必要があります。舎内の至るところに乳牛の本来求めているレベルの空気が提供できれば、大半のエサ場や牛床は乳牛が快適に過ごせるスペースとなり、舎内の空気の良い場所に牛が集まりやすいことを防ぐことができます。そしてタイストールでは人の膝付近の高さの空気の質が良くなり、横臥しても乳牛は気分良く息をすることができます。また換気の良さは乳牛に乾いた牛床を提供しやすくなります。

　乳牛の排出物である糞尿を速やかに乳牛の周辺から除去するという点で、フリーストールの特大の課題となりやすいのは通路（足元）にそれらが数時間滞留してしまうということです。特に換気の悪い畜舎では不快臭が牛の鼻孔へと届きやすくなります。そして何よりも足元の糞尿が多くなる程、蹄を乾いてきれいな状態で維持することを難しくします。

　糞尿を速やかに乳牛の周辺から取り除くにはスクレーパーでも根本的な解決にはなりません。可能であれば1日の数時間だけでもパドックや放牧地に乳牛を出すことも有効な方法のひとつとなります。蹄が汚れやすいという現状のフリーストールに対して、これを大きく解決できる手法はフリーストール進化の大きなブレークスルーになるのではないかと思っています。

乳牛が感じる不快指数

　不快指数が 70 を超えてくると、人はうっとうしさを感じ始め、80 以上ではほぼ全ての人が不快と感じ、86 を超えるとガマンし難（がた）くなるといいます。

暑!

　快適な環境温度（適温域）であると乳牛は産熱と放熱バランスが取りやすく、比較的楽に過ごすことができます。ところが高温にさらされる時期には放熱がうまくいかなくなりやすいので暑さを感じ、低温であると産熱以上に放熱が進みやすく寒さを感じます。

　体内の恒常性の維持は生きていく上では至上命題ですから、たとえエネルギー不足の状態であっても体を防御のために優先してエネルギーが費やされます。その結果、産乳量や繁殖、さらに免疫機能に回されるべきエネルギーが目減りしやすく、生産性に影響を与えてしまうことになります。

　高温域で感じる不快さを数値で示す「不快指数」※、これを模した乳牛のヒートストレス計もありますが、それは気温と湿度で決まっていることから風の影響は考慮されていません。人はおよそ風速が 1m あると体感温度は 1℃低くなるとされています。毛皮をまとった乳牛がどのように風を感じ取っているのかは正確には分かりませんが、牛体のどの部分にどの程度の風が当たるか、またその時に体の表面に水分があるかによっても不快指数は変わってくるでしょう。

※不快指数＝ 0.81 ×気温＋ 0.01 ×湿度×（0.99 ×気温− 14.3）＋ 46.3

　発汗は体熱を放出しやすくし、体感温度のコントロールに大いに役立ちますが、人や馬などと比べると牛や猫などは大量の汗をかいて体温調整するのがあまり得意な動物ではありません。体毛を夏毛にして体熱を発散しやすくしていますが、汗腺が発達していないので放熱の効率はあまり良くありません。それでも体表面へと水分を移動させて蒸発（不感性蒸泄）によって放熱しています。

　さらに暑さが厳しくなると、パンティングと呼ばれる自発的な呼吸によって積極的に口から水分を蒸散（気化熱）させ、体温調整しています。そのために必要な水分は1日で数十ℓにもなりますから、これを支えるためにも大量の飲水が欠かせません。きれいな水を思う存分にグイグイと飲めるよう、特に暑熱期に水槽やウォータカップを清掃する機会を強化することは、乳牛への欠かせない配慮となります。

　大量の水分が乳牛の体から発せられるということは、効率的に畜舎内の空気を次々と入れ替える換気システムの重要性が増すことになります。不十分な換気効率は牛舎内の湿度を高くし、乳牛はますます体熱を発散しづらくなります。高めの温度に非常に高い湿度となったミストサウナ内のような環境は、人間が感じとる数倍の強さで乳牛の不快指数を増幅させていると思われます。

　暑熱期は牛床素材や舎内での乳牛の密度、鼻腔から取り込める空気の温度などによって「暑くて座っていられない」という乳牛が多くなりがちです。放熱しやすくするには体表面を外気に多くさらす方が有利ですから、暑熱期には乳牛は立っている時間を長くしがちです。しかし立ち過ぎると蹄への負担が大きくなり、これに栄養コントロールの不備が加わると、秋以降の蹄病の発症率を増加が懸念されます。

　外気温そのものは如何ともし難いのですが、人ができる範囲で舎内の温湿度・風をコントロールし、給水強化や牛体への散水、栄養面での配慮、あるいは直射日光による舎内温度の上昇を抑える屋根の工夫などを重ね、乳牛の感じる不快指数を少しでも緩和することは今後ますます求められることになります。

痛い! はつらい

　かつて「柳で作った楊枝を使っていると歯がうずかない」といった言い伝えがあったそうです。もしかすると木枯し紋次郎は歯痛に苦しんでいた……のかもしれません。

　柳の樹皮による鎮痛作用は、古代ギリシャの時代から知られていました。その物質がサリチル酸であることが分かったのは19世紀になってからですが、これには胃腸を害する副作用がありました。その後、ドイツのバイエル社がこのサリチル酸の化学構造を少し変え、副作用を抑えたアセチルサリチル酸を合成に成功。商品化された薬剤（アスピリン）などは今なお世界で広く使われています。

　痛みは本当につらいものですが、それは「悪化する前に処置せよ、無理するな」という体からの異常を知らせるシグナルでもあります。しかしその痛みも長期に及んでしまうと生活の質を低下させてしまいますし、精神的にもダメージも受けやすくなります。体内で生じている痛みを適度にコントロールすることも大切な処置と言えます（もちろん医薬品は、医師や獣医師の指示に基づいての服用となります）。

　オランダでは乳房炎治療の際、鎮痛薬も利用することによる有用性が着目され、これが空胎日数の短縮化や廃用率の低下といった効果をもたらしています。炎症によって生じている痛みを言葉にして人に伝えることのできない乳牛ですが、その苦痛を人が察知して抑えてやることの効果を示したものと言えるでしょ

う。

　実際、乳牛は生きている間に多くの痛みに相対しています。究極の痛みは分娩時の陣痛でしょうが、それを乗り切った後も乳牛はほぼ100％子宮内に感染を受けているため、程度の差こそあれ炎症による痛みに耐えていることになります。特に体格の小さめの初産牛がようよう分娩を終え、まだ痛みに苦しんでいるであろうときに、急に経験したことのない真空圧が乳頭へと加えられると、とても気分の良い射乳どころでないことは想像に難（かた）くありません。

　子宮炎や乳房炎といったことで体内に不快や痛みを抱えていると乳牛が採食量を落としやすいのは必然ですが、産褥期から泌乳ピークにかけて採食量の低下はエネルギー不足を大きくし、乳牛の健康を損ねやすい大きな要因となります。エネルギー不足が大きくなるほど乳牛は短期間にやせやすく、肝臓へも負担がかかります。その際、肝臓では炎症（代謝性炎症）が引き起こされやすく、これがさらなる脂肪動員へとつながり、ケトーシスを重篤化させやすくなります。このように負のスパイラルの状態に陥ってから添加物や薬剤を投与しても、なかなか期待する効果をスムースには得難いであろうことは容易に推測されます。

　分娩後に適切な鎮痛消炎の処置を施すことは、採食量低下の抑制や泌乳ピーク量の増加、初回受胎率の向上といった効果を数多く示しています。特に初産や難産牛、双子分娩をした母牛への処置は、その重要性が増します。

　明瞭な症状を示してからの処置では回復までに長期間を要したり、場合によっては回復が見込めずに乳牛としての資産価値を損ねてしまうこともあります。人も風邪のひきはじめに対処すればかなり防御しやすいように、乳牛が感じている不快や苦痛を察知し、早めに適切な対応を講じることは乳牛を高い健康レベルで維持していく上で極めて高い価値があると言えるでしょう。

群れ社会の中での安定感

　管理面から必要ではあっても、乳牛にとっては突然強いられる人為的な環境変化。それが群の移動です。

混ざってないところがあるぞ!

　４月、新入生の集まった教室の中は微妙な緊張感でおおわれます。隣り合った人とは友人になれるのか、注意すべき面倒な人はいないか、クラスの雰囲気をまとめるリーダーは誰なのか……などが、それとなく定まるまで落ち着いて過ごしづらいでしょう。

　乳牛の場合はどうでしょう。大きなクラス替えはないものの、転校生が頻繁にやってきますし、また時に自身が転校生となります。群を移ると寝る場所が変わり、エサが変わり、仲間が変わり、空気の質が変わり、生活空間のレイアウトが変わり……といった数多くの変化に順応しなければなりません。特に仲間が変わるというのは乳牛にとってストレスとなりやすく、群内に既に形成されている社会的序列の中で自分の居場所を早めに定めなければなりません。肉牛や養豚の世界では同じ成育ステージで一緒になったらほぼ同一グループのまま過ごすのでしょうが、１頭の牛が所属する群を幾度も変えるということは酪農の際立った特徴のひとつと言えるでしょう。

　乳牛が群れの中で共通資源をめぐって争い続けていると無駄な体力を消耗することになります。幸い社会的動物である乳牛は群の中でお互いの序列を比較的容易に決められるので、頻繁に頭を合わせて決着をつける必要はありません。ところが野生の環境とは異なり人間によって与えられた空間で居住する乳牛は、混雑が厳しくなってくると、お互いに程よい距離を保って生活することが難しくなりがちです。群内で下位に位置する乳牛にはプレッシャーがかかりやすく、採食や安楽な反芻行動に我慢を強いられやすくもなります。そうした結果によって生じた産乳量の差を遺伝的能力の差と評されて

牛舎内にも欲しい高齢牛、蹄病牛、妊娠後期牛への優先席

は、気の小さい乳牛には気の毒です。

　畜舎内の乳牛たちにとって、群れの大きさやメンバー構成などは管理者のコントロール下にあります。群内の序列が中位以下に位置する乳牛たちの生活満足度を保証し、群全体の乾物摂取量を最大化できるように配慮を重ねることが全体の生産性を高める上での要（かなめ）となるでしょう。また群内の秩序形成に余裕がある牛群ほど、転校生がやってきても生じる混乱は最小限にとどめることができ、新たな序列もスムースに決められます。特に周産期の乳牛は転校の機会が多くなりやすいもののナーバスな時期でもありますから、可能な限り、乳牛に加わるプレッシャーを軽減する手立てをしたいものです。

●群れを移動させる際のポイント

✓ なるべく密飼いを避ける。
　周産期は農場内で最も恵まれているスペースとする価値は高い。

ゲートのあっちとこっちで乾乳前後期を分ければ、転校でなくて席替え程度のストレス

✓ でも他の牛の気配が感じられないような分娩房にひとりぼっちにしない。

✓ 群内の乳牛のフレームサイズを揃える。

✓ 夕方に移動する。

✓ 1頭ずつ頻繁に移動するより、できればまとめて2頭以上で移動する。

✓ 短期間で幾度も群を移動することを避ける。

✓ エサや水へのアクセスチャンスを増やす配慮。

✓ 敷料を新しくしておく……など。

豊かな社会とは、「全ての人が資質と能力を生かし、各人の夢や熱意が最大限に実現できるような仕事に携わり、私的・社会的貢献に相応しい所得を得て、幸福で安定的な家庭を営み、できるだけ多様な社会的接触をもち、文化的水準の高い一生をおくることができるような社会」。

『経済学と人間の心』宇沢弘文（経済学者・元東京大学名誉教授）

水グルメ

　乳牛を養っていて最大級に困るトラブルは停電と断水でしょう。搾乳ができないことはもちろん、給水経路が断たれると乳牛たちに必要最小限の水を運ぶだけでも並大抵でない作業となります。

　採食や休息とともに乳牛にとっては自らの生命維持のために飲水には強い要求があります。1日100ℓ前後と言われる飲水量ですが、新鮮でおいしい水がいつでもゴクゴクと飲める理想の環境であるほど、多くの水を飲んでくれます。

パドック内にいつも新鮮な水

ところが提供されている水が、

　✓くさい、まずい。
　✓（水の出が悪くて）ズルズルとしか飲めない。
　✓給水機の構造が不適切で飲水姿勢に無理がある。
　✓飲めるチャンスが限られている。
　✓（飲水中に）他の牛にどつかれやすい。
　✓電気でピリピリする。

　などといった悪条件があると、本来の飲みたい水量に達することはありません。暑熱期は週に3回以上は全てのウォーターカップを洗っている方もみえましたが、それだけ洗浄頻度があっても、「洗った直後の乳牛の飲水量はてきめんに増える」と話されて

いました。人にはきれい映るバルクに溜められた水であっても表面の水は好まないので、舌でベチャベチャしたりと乳牛の水への評価はなかなか厳しいものがあります。牛の鋭い嗅覚から及第点をもらえるような給水機の衛生レベルの維持・管理は手間がかかりますが、それだけの価値は十分にあるようです。

余分なKを排出

飲水量は採食量や産乳量ばかりでなく、排尿の量にも影響します。尿には体内で余剰となったカリ（K）が含まれていますので、飲水量が制約されることは体内のK排出に支障が生じます。もちろんKはナトリウム（Na）とともに、体内の浸透圧を調整したり、筋肉の動作にも関与する不可欠なミネラルです。体内ではこれらがちょうど良い濃度で保たれるようにコントロールされ、過剰なKの大半はせっせと尿へと運び出されています。

　乳牛の場合、K欠乏は非常にまれで、ほとんどは過剰によってトラブルです。牛の体の中でKが過剰となると、血液中のpHが上昇（アルカローシス）し、カルシウム（Ca）やマグネシウム（Mg）の吸収を阻害しやすくなります。ですから乾乳後期の牛がKを体内にため込んでいると、分娩後に良からぬことが起きかねないということになります。

　現在の草地は、自然界からすれば並外れたK含量があり、特にスラリーを多めにまいた草地の草となるとK含量は2%を超過しているケースも珍しくありません。K含量の高いグラスサイレージを乾乳牛が飽食すると1日当たりのKの摂取量は増えすぎ、そのKの吸収率は抜群です。余分なKは尿からせっせと排出されなければなりません。搾乳牛のみならず、乾乳牛にも好きなだけ水をゴクゴクと飲める環境は、分娩後の健康保持や産乳性の確保といった視点からも相当高い価値があることが分かります。

　寒冷期、乾乳牛を飼養する場所の水槽が凍り付いて飲水量が制限されると排尿の量が減り、それに伴って体内の余剰なKが排出しづらい、あるいは乾草などを十分に食い込めないことがあります。そのことが晩冬から早春にかけての乳牛たちの立ち上がり乳量が期待したほど伸びてこない、さらにはケトーシスや四変が多くなりやすいといったことを誘発している可能性もあるでしょう。

頭が痛くなるほど冷たい…(+_+)

くさいエサ場は嫌

人よりもはるかに鋭敏な嗅覚をもつ乳牛。食べる時、飲む時、他の牛とコミュニケーションをとる時、興味をもった対象物をセンシングする時、乳牛はあらゆる場面で高性能な嗅覚をフルに稼働させています。

人間は外界からの情報を取り入れるためにかなりのウエイトを「視覚」に頼っているため、においに対する感覚は他の動物と比べると劣る傾向があるようです。ところが人間の嗅覚に関する遺伝子は、意外にも視覚や聴覚といった他の感覚に関する遺伝子の数を圧倒しているそうです。これはもともと生命が進化する数億年も

臭覚が基本!?

の間、外界の情報を嗅覚によって感じ取って生きてきたためと推測されます。ウナギやサケに至っては1万tの水の中の1gのアミノ酸を感知できるほど驚異的な嗅覚があるそうですが、人間は卓越した視覚能力を手にしたことによって、外界の情報をにおいで得ることへの依存度を相対的に低下させていったようです。

多くの動物は依然として嗅覚を活かしながら外界の情報を得ているため、人間が動物の行動を理解するには嗅覚で何を感じ取っているかを相当意識しながら観察する必要があるようです。乳牛もその行動などから非常に大きなウエイトを嗅覚においていることは相違ありません。

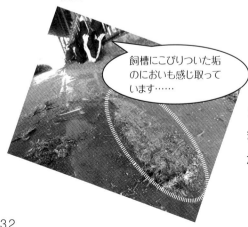

飼槽にこびりついた垢のにおいも感じ取っています……

乳牛が不快臭を感じとると、そこには何らかのリスクがある、または自分の体の中には取り入れるべきでないものがあるとの危険シグナルを感じ取っているでしょう。産乳量の高まった乳牛は採食や飲水への欲求が高まりますが、飼槽や水槽、ウォーターカップなどが汚れ

ていると、そこから発せられる異臭を感じ取って積極的な採食や飲水を止（と）どめてしまうのも道理でしょう。

こうしたことからも飼槽や水槽、さらにミキサー内や飼料の保管場所などをこまめに掃除することは、地味ながらも生産性を支える大切な仕事に位置づけられます。そのためには何時（いつ）でも掃除ができるように、清掃道具がすぐ近くに用意されていることは管理面で意外と大切なポイントとなります。探す・持ってくるといった余計な手間をかけることなく、すぐに作業にとりかかれる環境こそが整理整頓された状態です。冬場の水槽掃除も手が冷たくなり、つい躊躇（ちゅうちょ）しやすい作業なのですが、決められた場所に専用の防寒手袋が準備されていれば「今回はいいか……」ということも避けられ、地味な仕事を積み重ねやすくします。

また搾乳ロボットの飼槽（フィーダー）も多くの搾乳牛が共有する茶碗なのですから、それが汚れているとロボットの回転率（1頭当たりの平均訪問回数）を低下させることになります。飼料の粉がフィーダーの底や周辺にたまってしまうと異臭を放つようになりますから、搾乳ロボットで使われるペレットには相応の硬度が求められることになります。

乳牛は頻繁に舌を鼻の中に入れています。鼻腔内をきれいにしているのか、適度な湿り気を鼻に与えているのか、その目的はよく分かりませんが、嗅覚の精度を保っているであろうことは推測されます。嗅覚に大きく依存している動物が衰弱すると鼻が乾きやすくなります。そのことは外界の情報を得難くなることを意味しますから、動物は不安や恐怖心も感じているのかもしれません。

乳牛の嗅覚は採食ばかりでなく、他の牛とのコミュニケーションでもかなり大きな役割を果たしています。それは群れで暮らす牛にとっては必要不可欠な能力です。相手との社会的優劣の判別であったり、フェロモンを感じ取ったり、自分の子牛を見分けるなど、その用途は幅広く、高いレベルでセンシング活動をしています。牛の嗅覚、おそるべし！

しっかりと産休

　分娩から泌乳中期頃まで、また時には乾乳直前に至るまで、乳牛たちの体の中ではアスリート並みの代謝活動が行われています。次のお産までのわずかな乾乳期間、できるだけ「しっかりと休む」ことも彼女らの重要な仕事となるでしょう。

　乳牛にとって乾乳期間は、体をオーバーホールできる貴重な時間です。フル活動してきた乳腺細胞や肝臓などの機能回復を図れる絶好の機会となります。また土を踏みしめることができれば、硬いコンクリート上で蹄にかかっていた負重を和らげることもできます。乳房の張りからも解放され、パーラーなどへ足を運

ぶ必要もないので1日の多くの時間を休息にあてることができます。

　乾乳牛が休息できる環境の質の良さは、もっと重視されるべきでしょう。

　人も休日とはいえ、ちょくちょく緊急対応の呼び出しのある業務用ケータイが傍ら（かたわ）にあると、なかなか気分よく寛ぐ（くつろ）というわけにもいきません。ほどほどのレベルの休息環境と心底気分よくリフレッシュできる配慮が重ねられた環境とではリフレッシュできる

レベルは自ずと異なります。特に乾乳牛は身重（みおも）の体ですし、分娩が近づくと乳房の張りもあります。窮屈な横臥スペースでは十分にリラックスできませんので、寝起きの際にはより高い自由さ・快適性を求めています。また搾乳牛と同様、横臥する場所が湿気っているのは大嫌いです。気分のよいフリーバーンや放牧地で

過ごせれば自由な横臥姿勢をとることができますし、乾いた敷料が十分にあれば思いっきり体を投げ出すこともできます。

　それなりの乾乳牛の施設や管理では、生乳生産性や事故率はそれなりの結果にしかなりません。乾乳牛の発する生命力の輝きが農場の生産力を左右していると言っても過言ではありませんから、居住環境の満足度について乾乳牛に都度尋ねてみることは、農場の生産性を向上させられる最高の助言を得ることにつながるでしょう。

　多くの乳牛の受胎時期が重なると乾乳スペースの混雑が避けがたくなることがあります。すると分娩ラッシュがあったのに平均乳量や出荷乳量が伸びてこないという大変に面白くないことが起きることがあります。最悪な出来事は少なからぬ乳牛が分娩後まもなく牛群を去っていくケースですが、個体牛によって分娩後の産乳量にバラツキが大きく、平均値を下げてしまっている場合もあります。産褥から泌乳ピークに向かっている個体牛の乳成分、BHB や脂肪酸組成を確認し、閾値を超えている乳牛たちに乾乳期での生活に不満がなかったかを聞き取り、今後の改善に向けていくことも必要でしょう。

　もちろん乾乳牛は休むばかりでなく、母体の中では胎児が急速に発育していますから、それを支えるためにタンパク質をはじめとする必要な栄養分の供給をしてやらなければなりません。必要とする代謝タンパクが不足すると、母牛は自らの体タンパクを動員してでも胎児の成育を補おうとしますので、腿の筋肉が細くみえるような牛は気になるところです。乾乳期には配合を全く与えないといった信念（？）の農場もありましたが、分娩後の産乳への影響ばかりでなく、おしなべて虚弱なホル雄や F1 子牛を扱わなければならなくなる子牛の集荷担当者がいつも嘆いていた姿が思い出されます。

　ちなみに長く推奨されてきた 60 日の乾乳日数は、次産次での産乳量との関係によるものです。乾乳日数が短くなるほど次産での産乳量の減少がみられ、また逆に 60 日を超過しても増加傾向にはない、よってちょうどいいのが 60 日というものです。しかし乾乳期間の管理を充実させることで、乾乳期間は短めであっても次産の乳量は確保できることが示されました。そこで泌乳末期にも相応の産乳量があり、かつ繁殖状況が明確であれば、乾乳期間の短縮はひとつの有益な選択肢となりました。それでも発育の途上にある初産牛には十分な期間の産休を与えたいところです。

疾病のリスク因子

　大学の医学部教授が書かれた専門書となると難しくて、とても一般の人が読んで面白い本とは思わないでしょう。ところが大坂大学の仲野徹教授著の『こわいもの知らずの病理学講義』（晶文社）は様々な病気に成り立ちを極めて分かりやすく、かつユーモラスに説明しています。その筆力はまさに脱帽ものです。

　疾病を発症させやすい要素は「リスク因子」と呼ばれています。人の生活習慣病であれば、喫煙や肥満、運動不足、過度のストレスや飲酒、高血圧などがこうしたリスク因子に挙げられます。もちろんこれらの因子があるからといって必ず疾病が起こるわけではありませんが、発症の危険性は高くなります。

　これに対し、侵入してきた病原菌などに立ち向かうことで体内に炎症が起きたり、何らかの要因によって体内の恒常性が乱されたり、臓器の機能がダメージを受けたりするといったプロセスは「病気のメカニズム」となります。

　例えば、心臓突然死として恐ろしい疾病に「心筋梗塞」や「狭心症」があります。心臓の休みない動きを支えている心筋は、心臓に周りの冠動脈から酸素や養分を受け取っています。この冠動脈が動脈硬化で詰まってしまうのが「心筋梗塞」で、冠動脈の内側が狭くなって血液が流れにくくなり、心筋が酸素不足に陥るのが「狭心症」です。この冠動脈が詰まる、あるいは内側が狭くなって疾病を引き起こすのが「メカニズム」です。食べ過ぎや運動不足、喫煙などがその主なリスク因子となります。医師は症状に応じて然るべき処置や手術を施すでしょうし、検査により閾値を超えた値を示せば脂質異常症や高血圧などと診断し、適切な薬を処方するでしょう。医師に「リスク因子を何とかしてくれ」と訴えても、「それは自分で何とかしなさい」と言われても致し方ありません。

　個体牛が疾病や不健康に陥ったら、症状に対して然るべき処置や治療を施すことになります。その一方、牛群全体の健康レベルを高め、それを維持していくためには乳牛や農場内から「リスク因子」となるものを取り除く、あるいは軽減するといった働きかけが必要となります。同じ疾病であっても「個に対する治療」と「群に対する予防」とではアプローチの手法が異なり、必要とされる知識や情報も同じものとはなりません。

　プロダクションメディスン（生産獣医療）は治療と予防の双方の知識を持ち合わせた数少ない専門家による牛群の健康レベルを高めるための働きかけを言います。もちろんそれは乳牛の血液検査等を行い、諸データを集積・分析し、膨大なレポートを作成して農場に手渡すことを目的とするものではありません。生産獣医療はそれぞれの農場内に潜むリスク因子を正確に見極め、その中から対処すべき優先順位の高い課題から順次働きかけ、期待する結果が得られるまでの一連の取り組みです。

　現在の乳牛にとって代謝面から生じるリスク因子は、なかなか手ごわいものがあります。

　そもそも人も牛も当たり前のようにメタボ体質の対応に苦慮するほどの豊かな栄養環境に身をおくような環境は、何千年、何万年の中で経験したことがありませんでした。ましてメタボ状態から急激な減量に対処する巧妙な仕組みは体に備わっていませんでした。時にはこれに飼料中の毒物や環境からのストレスまで加わることもありますから、丈夫な牛とて弱ってしまいがちです。

　一方、歴史的には疾病の主流は「感染症」でした。抗生物質の発見、公衆衛生や栄養面の改善によって大幅に感染症を抑えることに成功してきましたが、それでも人類は今後も特定の感染症に幾度となく強烈なダメージを受けることから逃れることはできないでしょう。衛生面では乳牛は限られたスペースで多頭数が暮らしているのですから、体の汚れや畜舎内外の不衛生といったリスク因子による感染症は軽視できるものではありません。それに人やモノの動きがグローバルになっていることで、激烈な感染症を持ち込まれるリスクもあります。

　農場によって優先して対応すべきリスク因子は同一ではありません。都度、乳牛から発せられるメッセージを正確に受け取り、的確な対策の積み重ねが乳牛の健康を守る上では肝要となるでしょう。

一足限りの大切な靴

小さすぎる靴や傷んだ靴を履いていると足が痛くなります。人はそうした靴を脱ぎ捨て、新たに足に合った靴に履きかえればいいのですが、牛の場合はそうもいきません。

有蹄動物である牛や馬、鹿や豚などの蹄は爪が進化したものです。確かにかかとに相当する部分を接地させることなく器用に歩き回っていますし、本気になれば結構素早く移動することもできます。

牛の蹄は蹄壁と蹄底（合わせて蹄鞘(ていしょう)）が蹄の内側を守っています。固くて丈夫な蹄ですが、人の爪と同様、その主成分はタンパク質の一種であるケラチンです。これは内部の蹄真皮(しんぴ)が徐々に角質化して形成されています。つ

まり蹄は角質が内部の蹄真皮などを保護し、蹄真皮が蹄の角質形成を司るという相互関係になっています。もしも蹄が損傷を受けて真皮が侵されてしまうと丈夫な蹄が形成されづらくなります。乳牛の靴（蹄）は一生で一足限り。回復不可能なダメージを受けてしまうと乳牛としての価値も失ってしまうことになりますから、蹄を良好な状態で維持することは至上命題となります。

蹄壁部分は蹄冠部内側の真皮乳頭から月に5mmほど伸びています。対して蹄底の方は蹄底の内部の真皮乳頭で作られます。それぞれ異なる場所で形成された蹄壁と蹄底をつなぎとめているのが白線となります。野生の牛がエサを求めて歩き回っていれば蹄が伸びる速度と摩耗するスピードはバランスがとれやすいでしょうが、人の管理下にある乳牛は歩行する距離が違えば、摩耗速度や擦り減り方も異なってくるでしょう。それに人が与えてくれるエサを食べていれば爪も伸びやすくもなります。

　人工的な環境下にある乳牛には定期的なメンテナンスとともに異変に対する早期の対処を管理者が施すことは不可欠となります。特に削蹄が遅れると重心が蹄の後方へと移り、蹄の内側にあるアーチ状になった蹄骨が蹄真皮を強く圧迫してダメージを与えやすいという構造上の宿命があります。

　蹄を保護するため、現場では生産者とともに削蹄師や獣医師など多くの関係者の方が努力を重ねてきました。そのことはかなりの成果を挙げることに成功してきましたが、それでも尚、蹄病によって生産性を落とす乳牛あるいは牛群を去っていく乳牛を十分に減らすことはなかなか難しい課題となっています。
　蹄は乳牛のとてつもなく重たい体重を支え、また直接地面と接する場所です。蹄病や蹄変が発生しやすいのは、現在の飼養環境面がこのポイントに対して弱点を抱えやすい面があるためと考えられます。

　そもそも牛は長時間立つのが苦手な動物です。馬のように早く走り回れない牛は、できるだけ大量に採食した後には安全な場所に身を移し、横臥して蹄にかかる負担を軽減して生き延びてきました。ですから採食が終わっても連スタに長くつながれたり、毎回待機場で立ち続けるなどといったことは蹄にかかる負担を大きくし、またそうした際にはさして歩くこともできないので蹄の内部は鬱血気味にもなります。安楽な牛床に横臥できるチャンスを増大させ、蹄への負担を軽減することが第一の基本となるでしょう。
　そして足元がコンクリートという生活、また蹄部分が汚れや濡れにさらされ続けやすいという環境は、牛の進化の過程では想定外の出来事です。蹄そのものを脆くしやすい側面もあれば、蹄が濡れ続けていると冬季においては、蹄周辺は冷たさにさらされ続けられやすいことになります。これは蹄へのストレスとしては軽視できるものではありません。蹄が程よく乾く時間を提供できるよう、通路をしっかりと乾かす時間帯をなるべく作ることも重要なポイントとなるでしょう。

　また蹄病というよりも蹄付近の皮膚の疾病ですが、趾皮膚炎（DD）が蔓延したことも蹄への負担を大きくしています。育成の段階でこの病変が進行してしまうと生涯その根治は難しくなりますので、公共牧野での管理を含め、育成時期からの対策強化も欠かせないところでしょう。

代謝・複雑なる化学反応

　口や鼻を通じて取り込んだ栄養素や酸素。これらを使ってエネルギーを産み出したり、必要な成分へと組み替えることを「代謝」と呼び、その中身は非常に複雑な化学反応が総合されたものとなっています。

　代謝のことを詳しく解説した生化学の教科書を眺めると、すぐに眠気を覚えるほど無数の化学物質の名前や反応式が並べられています。なかなか敷居の高い分野にも見えますが、究極のところ化学反応は次の2パターンです。

　A→B＋C（分解）

　D＋E→F（組み立て）

　消化は摂取した栄養素の構造のつなぎ目を切る（分解）作業の方となりますが、これらの反応が体内で仕組まれたとおりに順調に起こしていれば、新陳代謝を含めた生命維持、それに生産活動、時に不健康からの回復といったことはスムースに行われます。

　代謝活動が活発に行われるには何が必要となるでしょうか。

　まずは各個体の求めるレベルに応じて、代謝のために必要となる原料（栄養素など）が必要な量、バランスよく供給されていることが大前提となります。原料が足りない状況にあっては、いかなる特別な添加物等も意味を持ちません。

　次に生体内を原料がスムースに移動するには、体内に潤沢な水分が備わっていること。それに反応から生じた廃棄物（二酸化炭素など）の蓄積は反応を阻害する要因となるので、これらが速やかに排出される仕組みも欠かせません。

　さらに化学反応は原料だけあれば容易に進むといったものではありません。体内の化学反応の速度を高めるために欠かせないのが触媒です。例えてみるなら、多くの男女が出会っても簡単にはカップル成立とはならないものの、上手にその仲をとりもつ腕利き

のコーディネーターのような存在がいることによっての成果は大きく変わってきます。生体内で触媒の役割をしているのは「酵素」（エンザイム）と呼ばれ、それらはタンパク質でできています。しかしこの酵素の役割を担うタンパク質はなかなかデリケートな存在で、温度やpHのわずかな変化によって、その構造が変化しやすいという特徴があります。このため細胞内の環境を狭い範囲で一定に保たなければ触媒としての能力（酵素活性）が大幅に削がれ、化学反応は円滑に進まなくなってしまいます。このことからも生体内の恒常性維持は、まさに命綱となっていると理解できます。

　さらに酵素の中には、その触媒機能を発揮するために「補酵素」（コエンザイム）が必要となるものがあります。代表的な補酵素はビタミンB群です。牛の場合はルーメン内でビタミンB群を合成できることから特に積極的な投与はされませんでしたが、産乳能力の向上によって、これを補給する効果も認められ始めるようになってきました。ちなみに江戸時代に脚気（かっけ）が流行したのは補酵素の欠乏によるものでした。江戸の人々は玄米の胚芽部分に含まれるビタミンB_1をそぎ落とした白米を食し、その他の食品から補充が不足していたことが脚気を発症させる原因となっていました。

　代謝は実に精巧にできた仕組みで、これほどのシステムが構築されていった進化の過程は神秘さを覚えるほどですが、それでも過剰となったタンパクの排出、あるいは溜め込んだエネルギー源（脂肪）を利用することについては、あまり得意とはしていないようです。そのため人も乳牛も体内に蓄積した脂肪の燃焼については、なかなか悩ましい思いをしやすくなっています。もともと、とてつもない長い歳月をひたすら飢餓に耐え抜くことを基本としてきたのですから、体の仕組みは急にそう都合よく変わらないのでしょう。

　生化学は知るほどに興味深い分野ですが、人によって部分の知識にマニアックになり、全体像を見失ってしまうこともあるようです。とある飼料会社の人も「糖新生」について若い生産者に熱く語っていましたが、乳脂率3.5％を下回り続けていたバルク乳、泌乳持続性がガタ落ちになっている乳牛たちは置き去りにされたままでした。それは喜劇でもあり悲劇でもありますが、知識のアンバランスはときにこうしたことを引き起こしてしまうようです。

ルーメン内の炭水化物

　牛や馬、それにキリンや象など草食獣。その多くが " 大きな体 " を持っているというのはひとつの特徴です。

　肉食獣などとの食物の競合を避け、草食獣は独自に栄養分を摂取できるシステムを体内に作り上げて生き延びてきました。主原料であるセンイ分は消化酵素も歯が立たないので、自らの体内にバクテリアを住まわせ、これらに分解してもらうことで共存していくという戦略を選びました。

　しかしそれでもセンイは容易に分解できる代物ではありません。胃袋（前胃）や大腸の空間を大きく押し広げ、体内での食物の滞留時間を長くすることで消化性を確保してきました。その結果、こうした大きな消化器官を収めるために草食獣多くは体も大きくなったようです。ヒツジやヤギなどでも体に割に大きな胃袋を所有していますし、さらに体の小さめのウサギやコアラなどは一度体外に排出したものを食べて、再び消化する方法もとっています。

　発酵場所を前胃に求めた乳牛にとって、ルーメンは主にセンイを分解するバクテリア

ルーメン!?、いやラーメン

に大いに活躍・増殖してもらうためのスペースとなっています。そのためバクテリアが住み心地の良い環境を提供し続けることを保証することが求められます。

　そのバクテリアが好む環境としては、嫌気状態、必要な栄養分の供給、十分な水分、適度な温度、正常域内の pH、不要物（バクテリアからの廃棄物）の速や

かな除去、適度な攪拌（ルーメンの運動）、といった条件が必要です。

　とくに現在の乳牛たちは野生ではあり得ないほどデンプンを摂取できる機会を得たことから、管理面で十分に行き届かないとルーメン内の掃除（VFAへの対処）が追い付かず、pHが下がりやすいことが課題となりました。ルーメン内のバクテリアの機嫌を損ねると大抵ろくなことは起きません。

　そもそも草食獣といえどもデンプンや糖分は大好きです。センイもデンプンも同じ炭水化物なのですが、ルーメンという存在はデンプンのような発酵させずに四胃以降で消化吸収すればよい栄養素も発酵させてしまいます。

　炭素（C）と水素（H）、酸素（O）で構成される炭水化物に着目して、ルーメン内での変化を見ると、

　炭水化物（CHO）→ VFA ＋ガス＋微生物の体（N等以外）

となります。VFA（揮発性脂肪酸）は酢酸（$C_2H_4O_2$）・プロピオン酸（$C_3H_6O_2$）・酪酸（$C_4H_8O_2$）、そしてガスは二酸化炭素（CO_2）とメタンガス（CH_4）が大半ですから、ルーメン内でCHOの構造が変わっただけであることが分かります。

　VFAとガスは、ルーメンに生息するバクテリアが増殖活動を行った結果生じた廃棄物です。VFAの方はルーメン壁からありがたく吸収させてもらい、これをグルコースなどとしてエネルギー源として利用する仕組みを反芻獣は備えています。ちなみに人も大腸には無数のバクテリアが生息しており、やはりVFAが産出され、その80％以上は吸収されています。人にとっても限られてはいるものの、やはりVFAはエネルギー源となっています。

　しかしガスの方は、多ければ1時間当たり30ℓほども生成されますが、その半分近くを占めるのはメタンガスです。これは地球温暖化の要因のひとつとなるとともに飼料中のエネルギーロスともなっています。これに効果的な対策を講じていくことは、今後の反芻獣飼養の大きなテーマのひとつとなってくるでしょう。

沈黙の臓器・肝臓

　沈黙の臓器のひとつである肝臓。その細胞内に過剰な脂肪が蓄積してしまう脂肪肝は、自覚症状がないまま病状が進んで重症化するケースが少なくありません。その大きな要因は、人の場合は飲み過ぎや食べ過ぎですが、乳牛はいわば働き過ぎです。

　摂取したエネルギーの余剰を体内に脂肪分として蓄積できるようになったこと、そして分娩と同時にあり得ないほど産乳をするようになったこと、この2つの出来事はいずれも半世紀ほどの歴史を経たに過ぎません。ひたすら飢餓と闘ってきた動物ですから、いきなり体内で膨大なエネルギー供給するために肝臓で大量の脂肪（遊離脂肪酸：NEFA）を処理することをあまり得手とはしていません。

　現在の乳牛の健康維持のために私たちが行うべきは、ルーメンと肝臓への負担をいかに軽減するかにあるといっても過言ではないでしょう。

　肝臓はもともと大変な働き者の臓器なのですが、乳牛の場合、そこにかかる負担は分娩から泌乳ピークに至るまでの短期間に一気に集中しやすくなっています。肝臓の役割は多岐にわたりますが、なかでも栄養素の分解と合成・蓄積、そして解毒は何が何でも行わなければならない任務となっています。たとえ一切のカビ毒などを与えていなくても、ルーメン内で必ず生じるアンモニアの一部は血流にのって肝臓へとやってきます。この猛毒物質でもあるアンモニアの解毒処理は、不足しがちな体内のエネルギーを最優先に用いてでも行うべきこととなっています。解毒にかかる負担を大きくしてしまわないよう、口から入るエサの品質に気を配るとともに、カビ毒中和剤も適時利用していくことが求められます。

　乳牛が泌乳初期に食べる分からだけではエネルギーが足りず、不足分を体脂肪に求めるのは必然となっています。その量や期間をどこまで軽減できるかが肝機能を保つためのキーとなります。エネルギーが不足すれば不足するほど、蓄積した脂肪分でそれを補填しようとしますが、処理しきれない脂肪分が肝臓内に蓄積され、フォアグラ状態になります。あわせて過剰に発生するケトン体によってケトーシスが引き起こされますが、そのことは肝臓で炎症（代謝性炎症）を起こしやすく、さらなる重度の肝機能低下を招くことになります。

　肥って分娩を迎える乳牛はこうしたリスクが高くなりやすいのですが、これに採食量の低下が加わると全てが困難に陥りやすくなります。糖源性物質の投与、肝臓中の中性脂肪をなるべく速やかに搬出できるような添加物（コリン等）利用などで無事に乗り切ってくれることを願うことになりますが、何とか乗り切ったとしても乳牛が痩せ止まるまで受胎はほぼ期待しがたいでしょう（肝疾患と卵胞のう腫の発症とも強い相関も認められています）。脂肪肝の発症とその予後に関する研究※では、中・重度の脂肪肝となった多くの乳牛の余命は1年以内とされました。まさに脂肪肝は、健康や長命性の大敵であると言っていいでしょう。

　目の前の乳牛がどの程度の脂肪肝であるかの正確な判断は、採血によって推定するか肝生検しかありません。人なら超音波エコー検査が有効ですが、乳牛の肝臓は体表面から深い位置にあるので現在の機器では無理のようです。現場では何よりも予防が大切であることは論を待ちません。
- ✓泌乳中、後半の受胎牛は肥らせない栄養管理を優先する。
- ✓周産期の環境を可能な範囲で場内の最高レベルに整える。
- ✓周産期の過密を避ける。
- ✓乾乳期の給餌内容へ配慮。
- ✓泌乳初期に乳汁検査（高乳脂率、BHB、長鎖脂肪酸）で閾値を超えた乳牛には早めの処置をする。

などといった積み重ねが乳牛の肝臓にかかる負担を小さくするでしょう。

※ J. Vet. Med. Sci., 78: 755-760 (2016)

すごいぞ！ミトコンドリア

　生きるために必要なエネルギー源となる物質・ATP。これはブドウ糖が分解されることで得られる、いわば乾電池のようなものです。ATPから巧妙にエネルギーを取り出しているのがミトコンドリアです。

　体の隅々まである細胞、その中にはミトコンドリアがあります。燃料の主体である血中の糖分を取り込んだ細胞は、分解したATPをミトコンドリア内に備えられたTCA回路へと送り込み、体内にくまなくエネルギーを供給できる仕組みとなっています。これは一カ所の施設がダウンしてしまうと北海道全域の電力供

給がストップ（ブラックアウト）する北電より優れたシステムでしょう（ちょっとイヤミ）。この細胞内の発電所・ミトコンドリアの数は一定ではなく、かなり増減するようで、数が少なくなると栄養素を摂取しても体は十分なエネルギーが得られづらくなってきます。

　実はこのミトコンドリア、最初から細胞の中にあったものではありません。数億年もの進化の過程で、ミトコンドリアの元（プロテオバクテリアの一種）が別のバクテリア（の

細胞内）に入りこんで合体したものと推測されています。本来別の生き物同士ですから、入り込んだバクテリアは異物として駆逐されるところですが、奇跡的な共存関係を成立させ、新たなタイプなバクテリアが誕生しました。それまでは細胞質でブドウ糖をピルビン酸に変えることでわずかなエネルギーを得ていたのに

対し、この共存関係を成立させたバクテリアは、エネルギーを得るのに極めて有利な仕組みを手に入れ、たちまち従前のバクテリアを圧倒し、地球上の生命の主役となっていったようです。

　こうしたプロセスを経ていることから細胞の中には2つのDNA（生命の設計図）が存在することになりました。ひとつは従前の核内のDNA、もうひとつはミトコンドリア内のDNAです。メインとなる核内のDNAの方は精子や卵子になる際に減数分裂（半分になる）し、それらが合体した受精卵は父と母の双方の遺伝子が受け継ぐ仕組みとなっています。その一方、精子のミトコンドリアDNAは卵子と融合後に消滅してしまいますから、体内のミトコンドリアDNAは、すべて母親から受け継いだものとなります（母性遺伝）。このことからミトコンドリアDNAを分析すると母系の先祖を正確にたどることができます。

　人は30代以降、ミトコンドリアが減少する傾向にあります。そのため疲れやすくなったり、若い時ほどパワーを発揮しづらくなります。またエネルギーに変換されない糖分が血中に多くなると、高血糖値が続きやすく、健康維持のリスクともなります。そこで少々キツイなと思う程度の運動（有酸素運動）をすると、体がエネルギー不足を察知し、ミトコンドリアを増やす作用があります。ちなみにTCA回路でエネルギーを産みだす代謝は複雑な化学反応ですが、これに欠かせないのは酵素や補酵素（ビタミンB_1等）です。ですから適正なエネルギー供給のためには単にカロリーばかりでなく、ビタミン等も適度に摂取することが必要となります。

　分娩後、急激に大量のエネルギーを要求する乳牛にとってはバランスの取れた栄養価のあるエサをたくさん食べることが欠かせませんが、体内に莫大な数のミトコンドリアを備えておくことにも意味が見いだせるかもしれません。そのため乾乳期間中は舎内でじっとしているよりも、適度にパドックなどを歩き回ってる方が日光刺激（ビタミンDの活性）による低カル防止の効果とともに、ミトコンドリアの数も増えて、効率的なエネルギー供給に有利な体作りとなる……と想像されます。

※ NHK「ためしてガッテン」より

防御システム

　免疫機能の力強さという何となく曖昧なイメージを「免疫力」と呼んでいますが、免疫システムはいわば数多くの部品から成り立つ精密機械なようなもので、個々の部品（NK細胞など）の数だけでは免疫力そのものを表すことにはならないようです。

　体内で細菌やウイルスなど自己以外と認識された標的（外敵）が見つかると、パトロールしている警官（マクロファージや好中球など）が現場へと駆けつけて対処します。外敵との戦闘を繰り広げている間、警官はどんな外敵が来たかを司令官（ヘルパーT細胞）へ通報し、司令官は外敵のタイプに応じて特殊部隊（B細胞）に出動を要請します。専用の武器（抗体）を持つ特殊部隊は、かなり有利に戦いを進めることができますが、強力な武器が通用する外敵は1種類に限られます。つまり1万種の外敵に対しては1万種の特殊部隊が必要となり、新たに侵入してきた外敵にはその都度、新規の特殊部隊が作られるという仕組みとなっています。また特殊部隊には卓越した記憶力が備わっており、以前やってきた同じ外敵には素早く対応できます。こうした特殊部隊の戦闘能力と記憶力を利用したものがワクチンです（毒性や活力を取り除いた菌を意図的に投与し、体内に特殊部隊を予め編成させる）。

フローラとはお花畑

　無数に存在する外敵が体内へ侵入しないように、体の表面の大半は皮膚などで覆われています。しかし体内へと容易に入り込みやすい場所があります。それが食道と気道です。そこは体の内部では

あっても生命活動の維持のため、外部から積極的に栄養源や酸素を取り込まなければならない場所です。特にユニークな特徴があるのが腸です。ここは次々と流れ込んでくる細菌やウイルスなどに対処する最前線となっていますが、全ての異物を排除せずに一部の細胞に対しては免疫寛容という仕組みによって腸内に住み着くことを許し、細菌叢（腸内フローラ）を形成させています。居住環境を提供する代わりに細菌には未消化成分を代謝してアミノ酸やビタミン、脂肪酸などを供給してもらい、同時に侵入してくる病原体に対する防御にもあたらせて共生を図っています。

　さらに異物となる細菌やウイルスの一部をわざと腸管（パイエル板）から内部へと引き込み、内部で待機している免疫細胞に攻撃すべき敵の特徴を学習させています。つまり外界の情報を直接得られる場所であることを利用して免疫細胞にトレーニングを積ませ、活性化された免疫細胞を血流に乗せて全身へ派遣し、体の防御に役立てています。このことから免疫機能の高さは腸内細菌の状態と強く関係しており、体全体の免疫システムの実に 70 ～ 80%は腸管に依存しているとされています[※]。

　また腸管を通じて外敵の情報をいち早く取り込むことで発せられる特殊部隊の武器（抗体）は腸管内だけでなく全身を巡るため、一部は初乳へも移行します。このため自ら抗体を作る力がまだ備わっていない新生子牛にとって、母牛の初乳は栄養分ばかりでなく、子牛にとって最も有効な武器も含まれています。

　腸内細菌は都合の良いものばかりでなく、好ましくない細菌（悪玉菌）もいます。お腹を冷やしたり、強いストレスを受けると悪玉菌の方が優勢になりがちとなり、免疫を低下させやすくもなります。特に子牛はダメージ受けやすく、体調や成育の不良にもつながります。お腹の下の汚れや濡れによるしっぺ返しは結構高くつくことがありますから、乾いて保温性のある敷料を子牛に提供する価値は十分にあるでしょう。

※ Fruness et.al(1999) Vighi et.al(2008)

体内がサビる!?

使い捨てカイロの中身は鉄の粉。空気に触れることで中の鉄が酸化し始めて熱を発します。粉に比べて表面積の少ない棒状の鉄（釘）も徐々に酸化していますが、こちらは非常にゆっくりなので熱は感じられません。酸化した鉄はサビで覆^{おお}いつくされます。

人にも牛にも一時たりとも欠かすことのできない酸素。肺から血液を介して全身の細胞へと運ばれ、エネルギーの代謝の際に利用されますが、その過程で酸素のごく一部は"活性酸素"へと変化します。

この活性酸素（スーパーオキシド等）は、細菌やウィルス、有害な化学物質などから体を守る免疫作用を持つ大切な物質でもあります。ところがその一方で、そのあまりに強力な酸化力ゆえ、体内の正常な細胞まで酸化させて癌^{がん}や炎症、老化などの原因ともなっています。

通常であれば体に備わっている抗酸化力が、発生した活性酸素を速やかに制圧します。しかし活性酸素の産生量が過剰となったり、抗酸化力が十分機能しなくなると、体内に活性酸素が増えてしまうことがあります。人であれば喫煙や添加物の多い食材の摂

取、仕事や生活上での強いストレス等が活性酸素の発生と排除のバランスを崩すことにもなりますが、乳牛では暑熱や過密な飼養といった様々なストレス、それに乳房炎など体内で起きている炎症反応によって活性酸素が多量に発生し、処理（還元）しきれなくなることがあります。

　肺から体内へと取り込まれた酸素は肝臓で消費される量が比較的多いのですが、分娩直後から泌乳ピークにかけての乳牛の場合、体内に取り込まれた酸素の実に1/4ほどが肝臓で使われています。つまり肝臓は活性酸素が発生しやすい部位となっています。

　健康な肝臓であれば十分これに太刀打ちできるのでしょうが、必要とするエネルギーを採食量によって賄いきれない時期は、体脂肪を動員しながら産乳に要するエネルギーも供給しています。その供給基地の役目を担っているのが肝臓です。処理しきれなくなった脂肪が肝臓に蓄積（脂肪肝）してきたところに、多くの活性酸素による酸化ストレスの追い打ちをかけると肝臓には大きな負担となります。

　抗酸化力を提供してくれそうな食材としては、野菜や果物を思い浮かべるかもしれません。こうした植物は直接太陽の光が降り注ぐ場所にあっても逃げ隠れできませんから、強い紫外線に直接さらされやすく、植物体の中では活性酸素が増えやすくなります。そのため植物には活性酸素から身を守るべく抗酸化物質が多く含まれています。それらがビタミンEやC、カロチノイド（βカロテンやリコペン等）、フラボノイド（カテキンやイソフラボン等）等です。乳牛も一年中美味しい青草が食べられれば結構なことでしょうが、なかなかそうもいきません。

　高産乳期ばかりでなく、暑熱期や乾乳から産褥期の乳牛には酸化ストレスの除去物質（酸化ストレス・スカベンジャー）としてビタミンEなどを上手に利用していく価値は

見いだせるでしょう。もちろん乳牛の諸トラブルの解決を闇雲に単価の高い添加物に解決を求めるのは費用対効果を不明瞭にしがちです。自由な飲水、より高い乾物摂取量による代謝エネルギーや代謝タンパクの充足、カウコンフォートの提供等、可能な限り周辺環境を整えてやることが前提条件となります。その上で抗酸化物質の利用については、信頼できる第三者から情報を得ながら判断されるのが適切でしょう。

つけないと始まらない①

　繁殖に関するデータ管理は「簡単かつ正確」、そして「いつでも即座」に把握でき、なおかつ「誰にでも分かる状態」になっていることが基本です。

　授精対象となるのは繁殖に供する「未授精牛」、それに「授精したものの空胎である牛」の2つです。それらの乳牛を漏れなく管理する手法やツールはいくつも用意されていますが、ここでは最もシンプルでアナログ的なやり方を紹介します。

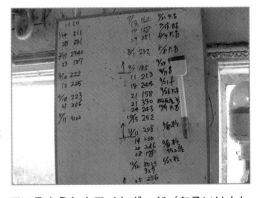

　まず分娩後の初回授精。これがスムースに実施され、なおかつある程度の受胎率が確保されれば、牛群としての繁殖成績はその大勢を決するほどの効果があります。

　初回授精を速やかに行うためには、未授精牛がすぐに分かるようになっていることが欠かせません。それを"見える化"するには超簡単、100円ショップで売っているようなホワイトボード（あるいはカレンダーの裏白紙）が1枚あればOKです。これを牛舎内の目につく場所に掲示しておき、分娩がある都度、上から順番に分娩した牛の番号を記載していきます（例：8/25 0946　F1♂）。その後、初回授精を終了させた乳牛はその授精データを繁殖カレンダー等に記載するとともに、ホワイトボードから消去していきます。これだけでボードには初回授精が終わっていない牛たちが常にアップデートされた形で表示されていることになり、なおかつ上に書かれている牛ほど分娩後の日数が経っていることが把握できます。健康状態に問題がなさそうなのに分娩後1カ月半ほど経っても発情徴候が見られない牛など、早めに診てもらうべき牛が把握しやすいので長期未授精を防ぐことにも役立てることができます。

初回授精以降の乳牛には発情サイクルを基本として観察が繰り返されることになりますが、アナログ商品として繁殖管理ボードや３週間カレンダーなどがあります。広く用いられている３週間カレンダーは、ご承知のとおり授精などの記録を書き込みすれば、下段の月日が次の

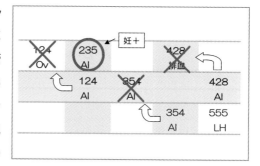

サイクルを迎える頃になりますので、再発情などをチェックしやすい特長があります。

　ところがこのカレンダー、次々と書込みをするにつれて、それぞれの授精等に対してその後に行った対処（再授精や妊娠確認）がどうであったかが覚えきれなくなってきます。そこで次のような一工夫すると一目瞭然（いちもくりょうぜん）にすることができます。

　その方法は授精などを記載した過去の記録に対して、後の管理結果を赤ペンで印（しるし）をつけるだけというものです。例えば、受胎を確認した乳牛には○、再授精したり不受胎が確認された牛などは×をつけます（図例）。これを都度行っておくと、「カレンダーの中で注意すべき乳牛は、赤ペンの書込みがないものだけ」に絞ることができます。

　いずれも極めてシンプルながら、一目で対処が遅れている牛がいないかを即座に、かつ正確に把握できます。

　もちろん繁殖データをデジタル管理することも結構ですし、優れた管理ソフトも数多く提供されています。目の前の乳牛と相対して、その耳標番号をスマホに打ち込めば繁殖履歴の他に様々な情報が得られるというのも大変に便利です。特に管理すべき乳牛が何百頭にもなってくると、その威力は発揮されやすくなります。

　しかしツールがいくらハイテクであっても、都度発生するデータの管理がややマニアックであったり、データ入力に面倒臭さを感じさせるようなシステムであると長続き

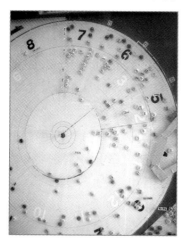

しづらく、徐々にデータも欠落気味となってしまいます。簡単かつ正確、いつでも即座に把握できるという原則からは逸脱してしまうと本来の目的は達成されなくなってきます。家族や従業員全員にユーザーフレンドリーである手法が最も好ましいと言えるでしょう。

つけないと始まらない②

牛群のほぼ3割、繁殖に苦戦している農場では4割以上にも達するのが「分娩間隔16カ月以上」の乳牛たちです。この抑制が繁殖管理の肝となります。

北海道の乳牛の平均分娩間隔は430日、約14カ月です[1]。これが徐々に長期化してきたことが繁殖成績の苦戦を伝える大元になっていますが、図からもお分かりのとおり、全体の乳牛のほぼ半分は分娩間隔13カ月以内に収まっています。平均値を徐々に押し上げてきたの

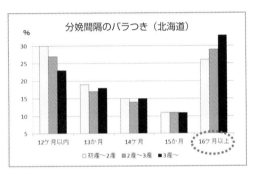

は分娩間隔16カ月以上にも及ぶ乳牛たちの比率が高くなってきたことによるものです。こうした傾向は産次を重ねた牛ほど顕著となっています。

さらに分娩間隔日数は分娩した牛によってもたらされる数値ですから「何回か授精したけどとまらないので諦めた」といった乳牛は含まれていません。ですから繁殖成績の実態は、分娩間隔の平均日数の長期化の値が示す以上に苦戦しているとも言えます。

繁殖管理を初回授精と2回目以降の授精とに分けて考えてみましょう。

まず初回授精の牛への対応、これは100%空胎牛であることが明白なのですから発情徴候が認められなければ、積極的にフレッシュチェックや診療などを推し進められます。初回授精の平均日数をみると地域によって多少の違いが伺えますが、産乳量階層別

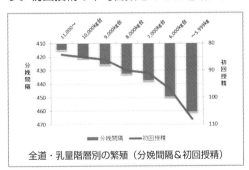

全道・乳量階層別の繁殖（分娩間隔＆初回授精）

に分析した結果では明確な違いが図から見て取れます[2]。全体的な傾向としては、乳量階層の高い牛群ほど初回授精がスムースに実施され、分娩間隔日数も短めであることが伺えます。

　初回授精の成果は、授精開始日（分娩後約 45 〜 60 日、VWP[3]）以降の約 25 日以内にどれだけ授精が実施されるかが大きなポイントとなります。おおむね 1 サイクル内で 80％以上の授精が実施され、初回授精の平均日数を 80 日以内とすることがひとつの目安となるでしょう。これが 90 日を超過してくると、よほど高い初回授精の受胎率が確保されない限り、牛群の産乳性に繁殖成績が大きな課題として圧し掛かってくることになります。

　繁殖管理を難しくしやすいのは 2 回目以降の授精です。初回授精が終わっても依然として 6 割ほどの牛は空胎のままなのですから、速やかに空胎牛をあぶり出して対応していく追跡ゲームの手を緩めることはできません。

　かつては比較的容易に見つけやすかった再発情牛も「明瞭な徴候をなかなか見せない」「発情の持続時間が短くなっている」といった乳牛の変化によって発情発見のハードルが上げっています。発情サイクルも 21 日よりも長めとなっている牛が増えている傾向もあり、従前の授精後 21 ± 1 〜 2 日の観察であると、再発情を見逃しやすい可能性も高くなっています。観察だけでは分かりづらくなっている空胎牛を見つけ出すため、PAGs 検査や超音波による診断といった技術を適切に取り入れて活かしていくことは有益でしょう。

　そして産乳量の増加は乳牛の要求するエネルギー量を高め、産褥期から泌乳ピークにかけての"負のエネルギーバランス（NEB）"を増幅しやすくすることから、繁殖管理上では不利となります。しかし「産乳量の増加⇒ NEB ⇒繁殖苦戦」といった図式で産乳量そのものを責めても何も解決にはなりません。良質な基礎飼料（粗飼料）をベースに、しっかりと食い込める元気な牛によって負のエネルギーバランスを緩和してやることが王道となります。

※ 1 北海道酪農検定検査協会のデータにより（2021 年 北海道）　※ 2 北海道酪農検定検査協会のデータにより（2020 年 北海道）
※ 3 Voluntary Waiting Period（意図的に授精しない期間）

つけないと始まらない③

　長期分娩間隔牛を抑えていく上で重要となるのが「2回目以降の授精」です。これがどれほど効率的に行われているかを推し量る指標はあるでしょうか？

　再発情牛が見つけづらくなっている昨今、「授精後60日以降の直検による妊娠鑑定」のみで受胎牛を確認していると長期分娩間隔牛、あるいは受胎を諦めざるを得ない牛を抑制することはなかなか難しくなりがちです。確実な妊娠鑑定のために約60日での直検は今後とも必要とされるでしょうが、その一方では、授精後もまだとまっていない牛を早期に見極めることが重要となります。

　その点、授精してから1カ月ほどを経た乳牛の乳汁を用いて妊娠検査をする

【管理事例】6色のヒモを用意し、分娩した月によって指定した色のヒモを首に装着。妊娠鑑定が取れた時点で外していく。こうすると畜舎内で繁殖管理の対象牛がすぐに分かり、なおかつ何月に分娩した牛であるかも「見える化」できます。

PAG検査には高い有用性があります。対象牛の乳汁サンプルを採って検査依頼するだけという手軽さもあり、また相当高い精度で空胎牛が特定できることは、その後の処置を早く行えるという大きなメリットがあります。

　繁殖検診はどうでしょう。月に1回、授精40日以降の乳牛を対象とすれば妊娠鑑定は授精後40～70日の幅で行われることになります。そこで妊娠がマイナスとされた乳牛は、それ以降にホルモン剤投与などによる対応となりますから、日常の再発情チェックが相当念入りになされていないと牛群の繁殖状況を大きく改善するのは難しいかもしれません。そこで検診の頻度を月2回とすると、対象牛は授精後40～55日にまで短縮できますから、空胎牛へ対処がかなり行いやすくなります。

　牛群の繁殖管理の状況を知る上では、再授精がどれほど活発に行われているかは気になるところですが、これを推し量るには「授精間隔日数」が指標となります。これは授精から次の授精まで実績を牛群レベルで集計した結果です。他にも「初回授精から最終授精（妊娠）までの日数」の平均値や、そのバラツキといった集計値も参考になります。ところが現在の牛群の乳検成績には、この表記がありません。そこで代替として、次の式に数値をあてはめると、おおよその授精間隔の日数が推測されます。

（おおよその）授精間隔日数≒

（平均空胎日数－平均初回授精日数）÷（受胎までの平均授精回数－１）

例：空胎 127 日、初回授精 73 日、授精回数 2.2（2.5）回

　　（127 － 73）÷（2.2 － 1）＝ 54 ÷ 1.2 ＝ 45 日

　　（127 － 73）÷（2.5 － 1）＝ 54 ÷ 1.5 ＝ 36 日

想定される発情サイクルに対する授精頻度から推定

　授精師などの協力を得ながら再授精をかなり積極的に行っている農場であれば、授精間隔は 30 日台にもなるでしょう。しかし 40 日を超過することは珍しくなく、50 日越えも少なくないというのが現実です。牛の中には 1 サイクル（約 21 日）で再発情を見つけて授精できる牛が何頭かいるわけですから、牛群の平均授精間隔日数 50 日前後が意味することは、再授精されるまで 3 サイクル（2 カ月）以上要している乳牛の比率が少なくないことになります。そうした結果が、牛群の中で 16 カ月以上にもなる分娩間隔の乳牛が全体のほぼ 3 割を占めることにもつながってきます。

　「授精間隔日数」はあまり馴染みのない数値ですが、長期の分娩間隔牛などを抑制していく上でも参考にしたいデータです。特に初産牛は不受胎であっても簡単には諦めるわけにはいきませんから、授精間隔日数の長期化は何としても避けたいところです。

繁殖管理の基本はメモ・メモ・メモ

組織間のコミュニケーション

　インスリン、メラトニン、アドレナリン、エストロゲン、オキシトシン……体内を制御しているホルモンは主要なものだけでも40種以上。なんの作用物質であったか、なかなか覚えられません。

　単細胞が多細胞となり、そして細胞が器官を形成して役割を分業化していく過程で生命の構造はどんどん複雑になりました。こうした精巧な作りの生命体をコントロールしているのは、脳のような司令塔がすべて統括しているように思えますが、実際には筋肉細胞や脂肪細胞、骨などからも多数のメッセージ物質が分泌

され、他の器官と情報交換をしながら生命体の恒常性の維持に大きな役割を果たしています。現場の声が反映されず、中枢がすべて分かったふりで統括してしまうと組織がまともに機能しなくなる事例は人間社会では少なくありませんから、こうした体の仕組みは人が学ぶべきポイントなのかもしれません。

　生命体の中を駆け巡るホルモンは臓器間でのコミュニケーション・ツールのようなもので、特定の場所で発せられたホルモンは体内の離れた他の臓器へと血液で運ばれて、伝えたい情報を特定の器官に伝えていますが、そのホルモンは特定の細胞でしか読み解けないように暗号となっています。また血液に入ることなく、ごく近くの細胞に作用するサイトカインのような物質もありますが、細胞間の情報伝達を行うという意味ではホルモンの特徴と類似しています。

　全身の内分泌臓器のホルモンの管理センターのような役割を果たしている場所は視床下部で、繁殖関連では代表的なホルモンである GnRH を放出し、脳下垂体に FSH や LH の放出を促しています。これらが卵胞の発育を促進したり、排卵を誘起させていますが、これらのホルモンはタンパク質系のホルモン（ポリペプチドホルモン）で、効きは早いものの相手の器官にたどり着くまでどんどんと壊れていく特徴があります。反応しやすいものの冷めるのも早いという点では、どことなく北海道人の気質に似ているようにも感じます。対して黄体や卵胞から分泌されるプロゲステロンやエストロゲンなどはコレステロールからなるステロイドホルモンで、こちらはゆっくりと長く効き目を発揮しています。ちなみにホルモンの名前に「ステロ」や「〜ゲン」、「〜オール」が入っているとステロイドホルモンとなります。

　ストレスへの対応にもホルモンは重要な役割を果たしています。
　何らかの有害な刺激に管理センターである視床下部から発せられるのは CRH（副腎皮質刺激放出ホルモン）、これに呼応して脳下垂体では ACTH（副腎皮質刺激ホルモン）が放出され、副腎から血糖値を上げ、免疫を抑制させるといった対応をします。もしもストレスが長期にわたると頑張って抵抗を持続しますが、それとて限界があるので最終的には生命力そのものが疲弊してしまいます。

　この視床下部から脳下垂体、そして現場へというホルモンの流れは先の繁殖関連と同じです。生体がストレスによって危機にさらされれば、繁殖機能は後回し、個体の生存が優先されることになります。このことは乳牛の繁殖をコントロールしていくには、まず乳牛が優先させる生命維持や産乳といった事項を栄養管理で支えつつ、乳牛にかかるストレス緩和も必須となっていることを意味します。繁殖関連のホルモン投与がその効果を発揮するか否かは、こうした前提がどこまで整理されているかに大きく依存することになるでしょう。

微妙な発情

受胎しなければ21日周期で発情を繰り返し、妊娠すればその後は無発情となる。こうした繁殖管理の常識が、しばしば惑わされることがあります。

排卵から次の排卵までの間、卵巣の中では小さな卵子がいくつも発育を始めますが、そのうち他の卵胞を抑えて1つの卵胞（主席卵胞）だけが成長します。通常の発情周期の間、これが2〜3回繰り返されますが（ウェーブ・卵胞波）、こうした周期の中間での優勢卵胞は排卵には至らず、閉鎖退行します。

このウェーブが3回の乳牛は、2回ウェーブの牛よりも平均にして2〜3日発情周期が長くなりやすいため、個体牛によって発情周期がばらつく要因となります。発情周期の平均は21日ですが、±3日内であれば正常とされ、さらにそこから外れる乳牛も少なくありません。

また、授精したばかりの乳牛がたまに1週間か10日ほどすると発情らしき徴候を示すことがあります。裏発情とも呼ばれますが、先に排卵した痕に形成される黄体がその後の卵胞の成長を抑えますから排卵には至りません。ですから授精しても受胎することもありません。本来であれば発情周期の間の優勢卵胞の影響で発情徴候は起きませんが、黄体機能が弱いと、こうした裏発情を示すことがあります。ときに、それは乱暴な排卵確認が原因で黄体の形成を阻害してしまったことによる場合もあります。

発情発見のハードルが上がり、管理者も観察を強化したり、様々なツールを利用して見つけ出そうと熱心に取り組んでいます。対応する授精師の方もその都度、乳牛の様子や管理者からの話、直検によって判断することになりますが、分娩後に一度でも授精歴

がある乳牛の場合は、再発情牛を正確に見極めるのはなかなか難しいことも少なくありません。

　釧路管内のデータを授精師が調査した結果※では、再授精依頼のあった乳牛（n＝2,931）の中で授精適期ではないなどを理由に授精をしなかった牛は約1／4いましたが、そのうちの半数近く（320）が妊娠牛であることが分かりました。ですから再授精依頼牛の1割以上は、すでに妊娠していたという結果です。

　再授精の依頼は、前回の授精から21日前後、そして2周期目にあたる42日前後が多いのですが、その日数では妊娠の有無を触診で判断するのは難しいでしょう。妊娠しているのにスタンディング発情や粘液、咆哮やそわそわして落ち着きがないなど発情徴候を示す牛もいます。管理する側も発情が弱く見つけにくい牛が多くなったことから、微弱な様子の変化でも授精依頼をするケースが少なくありません。授精業務に立ち会うのは大変でしょうが、授精師さんと話し合いながら協力して繁殖管理にあたるのが良策でしょう。

繁殖台帳の記号

✓ L・R：卵巣の左右
✓ F：卵胞（Follicle）。卵胞が成熟してくるとエストロジェンを分泌し、
　　乳牛に発情行動を起こす。
✓ OV：排卵（Ovulation）。
　　成熟した卵胞が破裂して卵子を放出した状態。
✓ CL：黄体（Corpus Lustrum）。
　　卵胞が排卵した後にでき、妊娠牛の妊娠を維持するプロジェステロンを分泌する。

※ 釧路家畜人工授精師協会技術研究部会（2019）

気分の良い射乳①

「搾乳中の反芻」は、気分良い射乳をしているとの乳牛からのサイン。そうした乳牛が数多くみられる農場では人と牛の信頼関係が高く、同時に乳房炎の発症も低くコントロールされている傾向があるようです。

乳房内の乳腺胞内に貯められた乳。これは母体が生命活動を維持するために不可欠な血液の中から特に大切な栄養素を凝縮させたものです。本来は次世代の命（子牛）のための生乳を人間がありがたく頂くのですから、乳牛たちがなるべく気分良く射乳できるように環境を整えることは大切な努めとなります。

射乳を促すホルモンであるオキシトシンには気持ちを落ち着かせる効果があります。気持ち良さげな反芻はリラックスしている状態ですから、搾乳中に数多くの乳牛が反芻している光景は、搾乳に関する一連の仕事が乳牛から「エクセレント！」と評価してもらえているととらえてもいいのではないでしょうか（もっとも給飼直後の搾乳や搾乳ロボット内での反芻はないでしょうが……）。

対して搾乳時に乳牛を手荒く扱う人がいる、パーラー内を不機嫌そうな人の声が飛び交う、乳頭口周辺を強めにこすって清拭するので乳牛が不快を感じている、オキシトシンの分泌とユニット装着のタイミングが安定しない、当たり前のように胴締めが使わ

れる……などといった光景は乳牛の安心感を削ぎ、自発的な射乳を妨げやすくなります。乳房内の生乳を半ば真空圧で無理に引っ張り出すかのような搾乳となっては、射乳性も悪くなり、乳房炎のリスクを高めることになります。とても反芻しながら射乳できるような状態ではないでしょう。

　日本ではパーラーの規模の割に搾乳スタッフの人数が多い農場が少なくないようです。8頭ダブルのようなパーラーでも基本的には1人で黙々と搾乳作業にあたられている農場もありますが、その様子はマイペースながらも実に無駄のない作業をされています。たとえ複数名で行うよりも多少は時間を要することがあっても、「搾乳牛の総乳量／搾乳者の作業時間」という点では非常に高い効率を誇っています。1人搾乳とは言わずとも少人数で効率的な搾乳作業を達成するにはどんな条件があるでしょう。

　牛体、特に乳頭周辺がきれいであること、搾乳者が搾乳牛全体を把握していること、面倒な作業を必要とする牛が少ないこと、搾乳中の作業者が穏やかな心であること、必要な道具が手の届くところにあること、スタッフの呼吸が合っていること、パーラー内に自発的に牛が次々と入ってくること、ミルキングシステムの性能が十分に保証されていること……

　面倒な作業や不必要な動作、手間のかかる牛が多くなるほど搾乳時間は長くなり、出荷乳量に結びつかない仕事に割く時間も増えます。搾乳は毎日必ずある仕事ですから、作業効率が芳しくないほど作業者の気持ちもなるべく早く終わらせることを搾乳の目的としやすく、些細な事でついイライラしがちにもなります。そうした雰囲気は乳牛にも伝わり、反芻行動を抑制しがちにします。すると射乳性も低下し、さらに搾乳時間が長くなり、乳房炎のリスクも高まります。まさに悪循環です。

ディッピング液、
お待ちどう

　トヨタの生産現場では作業員が1～2歩余計に歩くことが必要となる工程さえも数秒のロスと捉え、これをどうしたらなくせるかを従業員全員で考えて改善に取り組みます。不必要な動作があることを致し方ないこととせず、それが生じないための工夫を重ね、その上で皆が共通認識を持てるように作業マニュアルも作成され、さらに都度更新もされています。こうなってくると作業場の徹底した整理整頓は必然となりますから、散らかった作業場での作業マニュアルは大きな意味を持たないことになります。

　農場内のあらゆる仕事の最終的な換金作業である搾乳。テキパキとした人の動きとリラックスした乳牛の様子が組み合わさってこそ、生産効率を上げることになります。

気分の良い射乳②

　乳頭口がダメージを受けると乳房炎のリスクは高まります。ミルキングシステムはこの乳頭口に毎日、直接的にインパクトを与えるものですから、その機能が適正に保たれていることは重要です。

　乳房炎の要因は多岐に及びますから、その原因をミルカーばかりに押し付けることは適切ではありません。しかしミルキングシステムが現在の乳牛の射乳量に十分に対応できる能力を備えていることは必須となります。

　単純計算で1回当たりの乳量が20kg、これを5分で射乳したとすれば1分当たり4kgとなります。特にティートカップを装着した直後の2〜3分内にクロー内を流れる生乳の量はさらに多くなります。1分間に大きな2ℓサイズのペットボトル2〜3個分にも相当する量

の生乳がクロー内へと一気に注ぎ込まれるようなものですから、乳牛が気分良く射乳できるミルキングシステムであるためには、これほどの射乳量があってもクロー内圧が下がり過ぎることなく一定範囲内で維持されていること、それに射乳後の生乳がスムースにレシーバージャーへと流れ着くといったことが保証されなければなりません。

　またパーラーではクロー内の生乳は下部のミルクラインへと流れますが、タイストールでは重力に逆らって上部のミルクラインへと送り込まれます。その負荷分を織り込んでタイストールのミルキングシステムは設計されていますが、様々な要因によってミルクラインにスムースな送乳がなされないと射乳後の生乳が乳頭周辺から速やかに離れていかず、高泌乳牛ほど射乳中にイラつきやすくもなってきます。

　実際、搾乳機器を調整しただけで「搾乳時間が短くなった」「搾り切りが良くなった」「乳房炎の発症が大幅に減少した」という事例は数多く見てきましたが、その大きな要因となっていたのは、産乳量レベルの向上とミルキングシステムの性能とのギャップでした。

気分の良い射乳を阻害する要因を搾乳機器の面から挙げてみると、
- ✔ 射乳された後、レシーバージャーにたどり着くまでの生乳の流れがスムースでない。ミルクラインが細すぎる、必要な傾斜がとれていない、生乳のスムースな流れを阻害するような部位や部品がある、クロー内で生乳が溢れかえっている（クローの容量が小さすぎる）、ミルクホースが無駄に長い
- ✔ 調圧器（レギュレータ）の設置場所が不適切である。
- ✔ 搾乳中、調圧器が適切に動作していない。
- ✔ 真空ポンプが小さすぎる、性能が落ちている。
- ✔ 真空ポンプに対して真空タンクの容量が小さすぎる。
- ✔ 真空圧の設定のズレが生じている。
- ✔ システム全体でエア漏れがかなり生じている。
- ✔ 配管が無駄にくねくねと曲がっている。
- ✔ ライナーが設定どおりに拍動していない。
- ✔ インレットの角度がずれている。
- ✔ バケットミルカーの性能が劣っている……など。

　単に「搾乳できればOK」というミルキングシステムであれば上記の事項はまかり通ることであっても、いずれも乳房炎を発症に関与し得る要因となります。そして乳牛には次のようなことも起こり得るでしょう。
- ✔ 搾乳中に胴締めやアンチキッカーの使用が当たり前になる。
- ✔ 1回の搾乳でライナースリップが複数回も起きる。
- ✔ 3本乳となってしまう乳牛の発生頻度がいつまでも抑制できない。
- ✔ 高産乳牛に限って乳房炎になりやすい……など。

　ディーラーが行っているミルキングシステムの点検は、こうした異常がないかをチェックできる絶好の機会です。乳房炎と搾乳機器との関連について相応の認識の有する方と相談し、搾乳が終わった乳牛から「また搾ってね」と思ってもらえるようなミルキングシステムであるように十分に配慮したいところです。

この光景は……

体細胞数の簡易検査

乳房炎の簡易検査に重宝なのが PL テスター。でも、どうして PL テスターが乳房炎検出の目安となるのでしょうか？

PL テスター液に乳房炎の乳汁を混ぜるとブツが見られたり、粘着性を示したり、あるいは色が変わったりします。乳房炎の罹患がないかを現場ですぐに推測するための目安となるので、たいそう便利な資材です。

この PL テスターの中身はブロムチモールブルー（BTB）とドデシルベンゼンスルフォン酸ナトリウム。名前はいかめしいですが、簡単に言えば pH によって色が変わる指示薬と界面活性剤（洗剤）です。

スコア	体細胞数
−	20 万以下
±	15 万〜50 万
＋	40 万〜150 万
＋＋	80 万〜500 万
＋＋＋	500 万以上

体細胞数が多いとブツになったりドロッとする原理は、試薬（洗剤）により乳汁中の白血球の細胞膜が破れて DNA が出てきて、これが複雑に絡み合ってゲル状になるためです。ですから体細胞数が多いと、より明確な反応を示しやすくなります。

しかしこの反応は体細胞数の指標としては、目安程度に留めておくべきでしょう。その理由はそれぞれのスコアに対応する体細胞数の範囲が非常に広いことにあります（表）。もっとも留意すべき 15 万〜50 万程度の体細胞数では「±」。判定には主観も入りますから、「−」（陰性）と判断しても、体細胞数が 50 万程度あることは何ら珍しいことではありません。

現場での実用性を考えると「＋」以上であれば、かなり高い確率で体細胞数が高いと判断できるものの、「−」か「±」では正確な判定は難しい、つまり体細胞数が少ないことを保証するものではない、ととらえた方が無難です。

また PL テスター液が冷たくなっていると、反応がやや弱くなる傾向があります。洗剤の効きが冷水よりも温水の方が良いのと同じ理屈ですから、冬場は PL テスターを湯せんしておくと良いでしょう。

PL テスターの中には pH が変化すると変色する指示薬が入っています。健康な乳牛の乳汁の pH は 6.4 程度ですが、乳房炎の感染があると pH は上昇しやすくなります。PL テスターで色が変わる乳汁は pH が正常値から外れてきたことを示しています。乳房炎乳は舐めてみると分かると言う方もいますが、その所以

は pH の変化によるものでしょう。ところが乳房炎によって乳汁の pH は必ず変わるといったものではありませんから、これまた変色するものは乳房炎かもしれないことが推測されますが、変色が見られないことでシロとは断定できません。

　なお PL テスターと乳汁との混合利率は 1：1 で混ぜるのが基本となっていますが、何となく PL テスターをたくさん入れるとより正確な判断が下せそうな気がします。これを実験された方によると、1.5：1 あたり、つまり PL テスターをちょっと多めにするとやや分かりやすいとのことでした。もちろんたくさん入れ過ぎてしまうと、PL テスターはその大半が水分なのですから、かえって分かりづらくなるようです。

乳汁検査をしたのに結果は「NG」

　乳房炎の原因菌を探るための乳汁検査。ところがその結果が NG（原因菌分離できず：No Growth）で返ってくることがあります。この場合、考えられるひとつは、乳牛が大腸菌（CO）や表皮ブドウ球菌（CNS）などに感染したものの、乳牛の免疫作用によって既に自然治癒しているケースです。乳汁にブツが見られる、水っぽいなどといったのは、乳房炎原因菌の感染などによる結果ですが、乳牛が自己免疫力で原因菌をすでに乳腺から排除し、その後遺症が乳汁の異常として残ったと考えられます。

　次に、乳汁のサンプリングや培養の段取りが上手くいかなかったケースです。培地が古い、培養温度や湿度が適当でないといったことなども考えられます。

　さらに危惧されるのは、使用した培地あるいは行った培養法では特定の原因菌を増やすことができず、検出されないというケースです。マイコプラズマには専用の手法が必要ですし、一部の酵母などは長時間の培養が求められますから、一般的な検査では見逃されることがあります。特にマイコプラズマによる乳房炎は農場全体に与える打撃が大きく、発見と同時にスピーディな対処が欠かせないため、BVD 等を含め地域単位での定期的なバルク乳の検査体制は必須です。

乳汁は物語る①

　生乳に含まれる様々な成分は、乳牛の状態を数多く物語っています。ですからこれらを読み解くことで乳牛管理に大いに役立つ情報が得られます。

　分析技術や知見の向上に伴い、乳汁から多くの有益な情報がもたらされています。これを解説した参考図書やネットで検索できる情報はいくらでもありますので、ここではごく基本的なことやトピック的なことを記していくこととします。

　生乳の中で最も多いのは圧倒的に水分で、概ね 88 ～ 89％を占めています。固形分は乳脂肪、乳タンパク、乳糖、その他（ミネラルなど）です。牛乳のパッケージを見ると乳脂肪分と無脂固形分がそれぞれ〇％以上と表記されています。

　　　無脂固形分（SNF）の方は文字通り「脂肪で無い固形分」、つまり水分と乳脂肪以外の全てで、乳タンパクと乳糖、それにミネラル等（カルシウム分など）がこれに該当します。このうちミネラル等は測定されたわけではなく一律 1.0％と決められていますから、無脂固形分率は「乳タンパク率＋乳糖率＋ 1.0」で算出されます。また乳糖率はその変動範囲は限られていますから、無脂固形分率を左右しているのは、その大半が乳タンパク率ということになります。

　乳糖の原料となるのは乳腺組織へと運ばれてきた血液中の糖分（グルコース）です。そのため血中からグルコースが供給されるほど産乳量は増えることになります。逆に少なければ産乳量そのものが減るので乳中の乳糖率はあまり変動することなく、4.5 ～ 4.8％に集約されています。

日量 30kg（乳糖率 4.5%）の乳牛が合成する乳糖量は 30kg × 4.5% ＝ 1.35kg、1 乳期 10,000kg では 450kg にもなりますから、まさにその能力には驚きです。

　血中グルコースは主にルーメンで合成されるプロピオン酸という物質に依存しますが、その主な栄養源は「デンプン」です。つまり大雑把に言うと、

　配合（デンプン）を多く与える
　→プロピオン酸がたくさんできる
　→血中グルコースの量が増える
　→乳量が増える

という構図となります。極めて単純ですが、これには乳牛の健康を守るために不可欠な前提条件があります。それは「ルーメンでの発酵スピードをコントロールしてセンイの消化を保証し、アシドーシスを防ぐことに配慮する」ということです。特に基礎飼料（粗飼料）の品質や嗜好性が芳しくない場合は産乳性への大きな制限となりやすく、その品質以上に産乳量を求めてしまうと乳牛が壊れやすくなってしまうということになります。

　また乳糖に関して見落とせないポイントがあります。それは、血中のグルコース濃度が産乳量を左右するということは、血液と乳腺内の浸透圧のコントロールに「水の存在」が重要であるということです。ですから飲水が制限されると直に産乳量は低下します。

　変動の少ない乳糖率ですが、乳房炎に罹患するとやや下がることがあります。これは乳腺組織にダメージが加わったことが関与しているためでしょう。また肝機能が低下すると肝臓が適度なグルコースの供給する役割を果たしづらくなることから乳糖率が下げることがあります。ケトーシスも肝機能を低下させますから、乳糖率を下げることがあります。さらに泌乳初期、乳糖率とともに乳タンパク率も低めであれば、乳牛がしっかりと飼料を食い込めていない可能性が示唆されます。

乳汁は物語る②

　MUN（乳中尿素態窒素）は給与飼料のエネルギーとタンパク質のバランスを表わす指標となっています。これを教科書的に説明すると面白くありませんので、思い切って「合コン」にたとえてお話ししましょう。

　合コン会場はルーメンの中。男性をエネルギー、女性をタンパク質とします。

　数多くのカップルを成立させるには、参加する男女の人数比率が崩れていては困りますが、単に人数合わせばかりでなく、どういったタイプの男女を、どのように集めるかも合コンを盛り上げるには欠かせないポイントとなります。軽いノリですぐに騒げるタイプの人もいれば、恥ずかしがり屋もいます。中には絶対に打ち解けようとしない人もいるでしょう。

　もしも生真面目で容易に打ち解けないタイプの男性ばかりの中にチャラ子タイプの女性が多くなると、合コン自体の雰囲気は難しくなります。カップルになりそこねたチャラ子は合コン会場を後にしますが、その際にチャラ子は〝アンモニ

ア”へと変貌します。せっかくの女性（CP）の存在が活かされないばかりか、動物の体にとっては猛毒物質であるアンモニアへと変わるのです。

　血中アンモニア濃度が高まり過ぎると動物は死に至ります（ウサギでは0.005%で致死量）。魚はこうしたアンモニアをすぐに体外（水の中）に排出できますが、陸に上がった動物は速やかに解毒工場である肝臓へと持ち込み、無毒な尿素へと切り替えなければなりません。その後、大半の尿素は唾液などにリサイクルされますが、血液中を巡っている尿素（BUN）の一部は乳汁へと移行します。これが乳中の尿素態窒素（MUN）です。

　具体的な例として、萌芽期を迎えた春先の放牧地。乳牛の大好物である若い放牧草が草地を覆いつくしていますが、この草にはチャラ子（SIP）が多く含まれています。これを乳牛が大量に食べると合コン会場で異変が起き、MUNを跳ね上げることになります。そして短時間といえ血中のアンモニア濃度が上昇しますから、これを少しでも薄めようと乳牛は必要以上に飲水をします。結果、こうした牛がちょっと咳をすると糞が勢いよく飛びだしてくるといったことも起こります。乳房炎が出やすくなったり、受胎率が低下したりすることも珍しくありません。

　チャラ子が多くなる場合、合コン会場を上手くコントロールするにはチャラ男を多めに用意する、あるいは打ち解けるのに時間がかかる男性を早めに参加させておく、他からのチャラ子の参加を制限する（低CPの配合等）……といった配慮が合コンのコーディネータ役（飼料設計者）には求められることになります。

　よく目にするところの「乳タンパク率とMUNの関係」（表）、合コン理論を照らし合わせて眺めてみると理解しやすいかのではないかと思います。「適正」といわれる範囲におさまっているルーメン内の合コンは上手く盛り上がっているのではないかと推測されるでしょう。

		👩	👩👩	👩👩👩
乳蛋白率	3.5〜	タンパク不足エネルギー過剰	エネルギー過剰	タンパク過剰エネルギー過剰
	3.2〜3.4	RDP不足	適正	RDP過剰
	〜3.1	タンパク不足エネルギー不足	エネルギー不足	タンパク過剰エネルギー不足
		〜10	10〜14	14〜
		MUN		

※乳蛋白率はバルク乳の例
※ RDP：分解性タンパク質（RUPまたはバイパス蛋白は、合コン会場を通り過ぎるだけのタンパク質）

乳汁は物語る③

「異常風味がでています」との連絡は、生産者や生乳担当者を悩ます言葉としては最大級かもしれません。

乳業メーカーは安心・安全な牛乳・乳製品を消費者に届けるために心血を注いでいます。今の時代、消費者からの信頼を損ねることは酪農産業にも、また企業にも大きなダメージとなりかねませんから原料乳の品質に最大限に注意を払うのは必然です。

ところが生乳トラブルのひとつである異常風味は、その原因が多岐にわたり、原因物質を特定することは容易ではありません。人によってにおいに対する感受性は異なりますし、感じとるにおいを言葉で表現して他人と共通理解することは困難を極めます。こうした異常風味を詳しく解説した専門書などは別途ありますので、ここでは現場で経験したことをいくつか記していくことにします。

風味異常は「生乳の取り扱いに起因する異常」と「泌乳生理、乳牛の異常」の2パターンに分けられます。

前者は射乳された直後から乳業メーカーでの受け入れまでのプロセスによるものとなります。生乳にはにおいを吸着しやすい特徴がありますので、ミルクホースが純正のものでなかったというレアケースもありますが、畜舎内のにおいの移行も見逃せません。搾乳ユニットのクローにはブリードホールがあり、搾乳中にわずかなエアを流入させてミルクラインの生乳の流れをスムースにしています。そのため取り込まれるエアの質に問題があると生乳の風味に影響を与える可能性があります。

アジテータによる生乳の攪拌のしすぎ、ミルク配管の曲がりや落下による影響なども指摘されますが、そのことがにおいに強いインパクトを与えているならば数多くのバルク乳で異常風味が発生していてもおかしくないので、主因としてはややとらえづらいでしょう。

その一方、泌乳生理や乳牛の側の起因にした風味異常乳となると話が複雑で因果関係を明確にしづらくなってきます。食べたもののにおいが移行するということでサイレー

ジ臭が取り上げられますが、それほどのにおいのあるサイレージならば採食量や乳量が低迷しやすいでしょう。タイストールでは採食の場と搾乳の場が同じですから、もしかしたら舎内のサイレージ臭が搾乳中に吸着したこともあり得るでしょう。搾乳前は畜舎の空気をなるべく清潔にし、バーンクリナーも事前に回しておくといった配慮をしたいところです。

　異常風味が検出された場合、すぐに全搾乳牛とバルク乳の乳汁をサンプリングし、嗅覚の鋭い人に1つずつ確認してもらい、問題牛をあぶり出すというという方法は有効です。ですから担当者がその日のうちに現場へと足を運ぶのは必須となります。当面は問題と思われる乳牛を除いてバルク乳のコントロールを試みますが、問題となっている牛にケトーシスや乳房炎、暑熱を過度に受けている牛などの共通項がないかを探り、原因追及と対策への糸口とします。高泌乳牛かと思いきや、泌乳末期牛の栄養不足といったケースもありました。

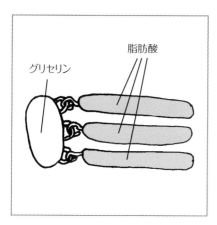

グリセリン

脂肪酸

　数値で分かりやすいためかFFA（有利脂肪酸：Free Fatty Acid）も異常臭ではよく取り上げられます。乳脂肪のほとんどは中性脂肪で、図のようにグリセリンに脂肪酸なるものが3つぶら下がって構成されています。FFAとはこのグリセリンから離れてしまった脂肪酸であることから遊離した脂肪酸と呼ばれていますが、その量が2.0mmol／100gを超えるとにおいがしやすいとされます。

　しかしこの脂肪酸は種類が非常に多く、レアなものまで含めると400種類以上もあるそうです。主要なものは数種類ですが、常温で蒸散しやすい（揮発性）脂肪酸である酪酸は人の嗅覚を刺激するため、異常風味につながってくることもあります。ところが人の嗅覚はそれほど単純でなく、他の揮発性成分と混ざると印象が変わることがあり、またFFAはにおいをほとんど感じないような脂肪酸まで対象としていますから、FFAの値と異常風味とは必ずしもパラレルの関係ではありません。

　近い将来、センサーを用いてにおいを分析し、それをAI（人工知能）で解析してにおいの元となっている物質を特定できる技術も実用化されるでしょうから、大いに期待したいところです。

乳汁は物語る④

　分娩から泌乳ピークにかけての課題となりやすいケトーシスです。高い産乳量に応じたエネルギー供給が難しい時期であることから、ときに血液中のケトン体濃度が上がりすぎることによって生じます。

　動物は飢餓に備えてエネルギーの余剰が少しでもあれば積極的にこれを体内に蓄積することは得意ですが、反対に蓄積した脂肪分をエネルギーへと変換することはあまり得手ではないようです。体内では不完全燃焼が起きやすく、その不完全燃焼がどれほどのレベルであるかによってケトーシスは判断されます。ですから、ケトーシスは健康か病気かの二者択一ではなく微妙なグレーゾーン（潜在性）が広いのが特徴です。

　血中の BHB（βヒドロキシ酪酸、ケトン体の一種）の値はケトーシスの指標とされてきましたが、これは乳中の BHB との相関が高いことも知られていました。生乳検査の機器の進化に伴い、速やかに乳中の BHB が測定できるようになったことからケトーシスが乳汁から推定しやすくなり、広く利用できるようになりました。潜在性のケトー

シスの目安とされているのは 0.13 mmol ／ℓ以上となる個体牛ですから、単純で分かりやすい情報です。

　BHB に加え、乳中の脂肪酸の組成に関する分析値も加わったことで、産褥から泌乳ピークにかけての乳牛の様子がモニターしやすくなりまし

た。

　乳脂肪を構成する脂肪酸の種類はかなり多いものの、それぞれの脂肪酸に含まれる炭素（C）の数によってその供給源を推し量れるというのがそのポイントとなっています。まず乳牛の主食であるセンイ分をルーメンで発酵させてできるのは酢酸（C2）や酪酸（C4）といった脂肪酸ですが、これを原料として乳腺組織で作られる乳脂肪の脂肪酸のCの数は4〜16とミニサイズですから、これらを「短鎖脂肪酸」と呼んでいます。

　これに対してCの数が18以上と多く、その構造も長いものは「長鎖脂肪酸」と呼ばれ、これらはエサに含まれる油脂や体脂肪を削ることで供給される脂肪酸が由来となっています。分娩から泌乳ピークにかけては十分にセンイを食い込めていないはずなのに乳脂率が5％を超えることがありますが、これは長鎖脂肪酸が多くなることによりますから、決して好ましい状態とは言えません。

　乳中の脂肪酸の組成が分かれば飼養管理面でかなり有益な情報となることはかなり以前から知られていたことですが、こちらも検査機器の向上とともにデータが容易に入手しやすくなりました。短鎖＆長鎖という名前はシンプルで分かりやすいのですが、分析結果では前者をデノボ、後者をプレフォーム、そして間のC16の脂肪酸をミックスと表記されています。

　短鎖脂肪酸（デノボ）の比率を高めに維持した乳脂肪を生産している農場では、
✓ センイの嗜好性・消化性が良く、採食量が確保されている。
✓ 産乳量レベルが堅調で、乳脂率とともに乳タンパク率も高め。
✓ 飼養密度に無理がない。
　といった傾向があります。総じてバランスのとれた飼料を十分に摂取することによりルーメンや肝臓への負担は小さく、そして乳牛の横臥や反芻行動も良好であることを示すものと推測されます。

　短鎖脂肪酸の適正レベルを覚えるのに、本来は3割近くを打てるバッターが調子を落として2割そこそこまで打率が落ちる状態をイメージされればいいかもしれません。泌乳初期、短鎖脂肪酸が20％そこそこまで落ち込むのは危険域（スランプ状態）であることが示唆されます。

トビはタカを生まず

　トビがタカを生む……ことはありません。イヌの仔はイヌのままでウシにはなりません。そして親子が似ることは普通にあることです。この当たり前のことが何故かを説明することが長年できませんでしたが、こうした伝わる仕組みを「遺伝」、それを司っているものを「遺伝子」と呼んでいました。

　ゲノミック、遺伝子、DNA、染色体、SNP（スニップ）など遺伝に関する専門用語が普通に飛び交うようになりました。ところがこれらを具体的に説明するとなると、なかなか難しいかもしれません。やや教科書のような面倒さがありますが、一度整理しておきましょう。乳牛の繁殖や育種の基礎には欠かせないワードです。

　まず顕微鏡が発明され、動植物の体には小さな部屋が無数存在することが分かり、これが細胞と名付けられました。この細胞をそのまま顕微鏡で観察してもその中はほぼ透明にしか見えないのですが、染色液で染めてみると色がつく場所があったので「染色体」と呼ばれるようになりました。また細胞の核の中には酸性を示す物質があったので、核内の酸ということで「核酸」とし、後にそれは「デオキシリボ核酸（DNA）」と「リボ核酸（RNA）」という2つの種類あることが分かりました。そしてついに遺伝を司っているにはこのDNAであり、染色体はDNAが二重らせん構造で巻きついている塊があることが解明されました。

　ですから染色体やDNAは実態のある物質への名称で、遺伝子の方は概念となります。また「ゲノム」は遺伝子と染色体を合わせた造語で、DNAの全ての遺伝情報のことを表しています。

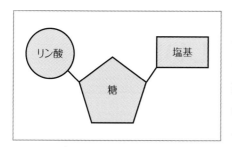

人間には 23 セットの染色体に約 22,000 もの遺伝子が備わっています（ウシの染色体は 30 セット）。遺伝子の正体である DNA 構造はリン酸と糖（デオキシリボース）それに核酸塩基が結合してできたもの（図）で、遺伝情報を担っているのは核酸塩基の部分です。大抵、核酸塩基は単に塩基とだけ記されています。アルカリ性を示す物質である塩基がなぜ核酸の中に登場してくるのか何だか釈然としませんでしたが、酸性物質の核酸を構成する成分の中で唯一アルカリ性である部分がここであったことから塩基となったようです。この塩基はたった 4 種類（ATGC）しかないものの、その組み合わせによって精巧かつ複雑なタンパク質の設計図をいくつも作り上げています。

　人にとっても牛にとっても DNA は究極の個人情報です。それぞれの遺伝子が独自のタンパク質の設計図となり、それが生命の維持を司ったり、個々の特徴を生み出しています。

　また、もともとはたった一つの受精卵がヒトであれば 40 兆以上の細胞となって一つの生命体となるのですから、とてつもない勢いで細胞は増殖するとともに、古くなった細胞を新しい細胞へ置き換える新陳代謝作業も行われています。そのすべての細胞の中に全く同じ DNA があるのですから、次々と自身のコピーを作っていくこと自体も DNA の大きな役割となっています。さらに自分の染色体の半分を精子や卵子に受け渡し、次世代に設計図を受け継ぐという役目もあります。こうした仕組みにより牛の子は絶対に牛ですし、子は両親双方の形質を受け継ぐことになります。

　なお染色体の中の 1 セット（2 本）は性染色体と呼ばれ、その対が XX の組み合わせなら女、XY ならば男となります。卵子の性染色体は全てＸですから、生まれてくる子は受精した精子の性染色体がＸであるかＹであるかによって決定されます。このため牛の精子の中からＸの染色体を有する精子のみを予めより分けて授精すれば、生まれる子は全てメスとなります。性選別精液が一般的に利用できるようになり、なおかつその受胎率も向上してきたことで後継牛が確保しやすくなったことは、繁殖技術の大きなブレークスルーとなりました。

いい牛が欲しい!

　育種の理論と繁殖の技術の2本柱に大きく支えられて乳牛改良は進められてきました。DNA解析が行われる時代を迎え、今後はどのように改良されていくのでしょうか。

　自然（野生）の動植物では農業は成り立ちません。人類はとてつもない長い時間をかけて好ましい特性を持つ動植物を選抜し、人為的に交配させてきました。その結果、生産量や品質に優れ、なおかつそれぞれの環境に順応でき得る特性を持つ動植物を作り上げ、現在の農業の礎（いしずえ）を築き、私たちはその恩恵を受けて暮らしています。

　国内での酪農の歴史は決して長くはありませんが、特に敗戦後の日本が食糧増産を国の最大級の課題と位置付けて以来、酪農振興は強く推し進められてきました。とはいっても当時は優れた能力を有する乳牛はごく限られていました。乳牛の戸籍（登録）もいわゆる雑種扱いとなるような乳用種（基礎登録牛）が多く、世代を重ねてその能力や体型で一定の評価を得られれば「本登録」の乳牛となり、さらに特に優秀となると「高等登録牛（せんぼう）」となり、当時の生産者の羨望の的となっていました。

　その後、乳牛の能力検定事業が整備され、データを集計・分析できるシステムが確立されたことで「後代検定」事業が乳牛改良に大きな役割を果たすことになりました。これは特に優秀とされる両親から産出されたオス牛（候補種雄牛）が期待通りの高い遺伝能力を有するかを正確に評価するための手法で、候補種雄牛の精液を調整交配し、そこから生産された娘牛たちの能力によって候補種雄牛の遺伝的能力を評価するという方法です。娘牛たちから優秀とお墨付きを受けた父牛のみが選抜されて「検定済種雄牛」となり、これが広く供用されることで乳牛の改良に大きく貢献してきました。しかしライバルは毎年次々と現れてきますから、比較的長期にわたって君臨できる種雄牛はほんのひとつまみという厳しさでもあります。

　そしてついには「ゲノミック評価」という乳牛改良の別次元の扉も開かれました。個体毎のDNAの相違に基づいてその遺伝的能力を推定する手法ですが、人間ならば約32億もの膨大な塩基が並んでいるDNAですから、かつては1人の遺伝子を解析する

のに莫大な経費と時間を要していました（ヒトゲノム計画）。ところが分析技術が飛躍的に進歩したことで今や短時間かつ低コストで実施することが可能となりました。

　1人ずつ、1頭ずつの設計図であるDNAですが、個体毎にこのDNAにはどれほどの相違があるでしょうか？　人気のイケメン芸能人と自分との間にはかなりの相違があるに違いない……とは思ってはみても、同性であればその差はわずか0.1〜0.2%に過ぎません。つまりDNAは人を人たらしめ、生命活動に不可欠となる情報がその大半を占めており、どんな顔立ちになるかといった部分は、限られたDNAしか関与していないことになります。ですからDNA解析は特定部位に絞って行えばいいということになります。

　乳牛のDNA解析によって当然知りたくなるのはその牛の産乳能力などです。またこれまでの遺伝評価にこのゲノミック評価を加えることで遺伝能力の評価精度は高まり、改良速度は一段とスピードアップされます。

　しかしゲノミック評価といえどもその塩基配列が分かるに過ぎす、それがどんな意味のある遺伝子なのか、またどのようなタンパク質を作り出し、それがどんな作用しているかが解明されたわけではありません。つまり暗号そのものの解読に成功したわけではなく、これまでの膨大な情報と照らし合わせて、この塩基配列ならばこうしたパフォーマンスであろうということを推定しているというわけです。このため暗号を読み解く精度はデータが膨大に蓄積されるほど高まることになります。人間のDNAの情報に関しても国民の個人情報を強権的に管理できるような大国では膨大なデータ量を蓄積することができますから、そこから得られる知見は相当スピードを増すことになります。DNAの配列がどのような機能を持っているのか明らかになり、これに特許が取得され

ると、医療をはじめとする多くの分野でDNA情報の利用に対する利権や主導権が特定の国に握られる……ことにもなりかねません。

　ゲノミック評価は子牛や育成牛にももちろん可能ですから、将来の牛群構成にも有益な情報として利用することができます。また生まれたばかりのホルスタインの雄（牡犢〈ぼとく〉）でも優れたDNAを持ち合わせることが分かれば、いち早く種雄牛として供用できます。しかし現在のところ、その信頼度は後代検定による種雄牛評価のレベルには及ぶものではありませんので、バランス良くゲノミック評価の情報を利用していくのが無難となるでしょう。

ゲノミック評価の活用

　経験豊富な好打者を揃えた打線は強力ですが、選手を育てるのに時間がかかり、年俸総額も高額となります。対して高い身体能力や野球センスの秀でた若手選手を集め、数多くバッターボックスに立たせると1本当たりのヒットにかかる経費は大幅に抑えられます。どちらか正解というわけではありませんが、それぞれの特徴を活かすことが得策となるでしょう。

　数多くの娘牛たちによって高い遺伝的能力が証明された種雄牛（検定済種雄牛）は幅広く供用され、乳牛の改良や生乳生産性の向上に大いに貢献してきました。ところが候補種雄牛の精液が現場で使われてから娘牛が生まれるまでに約1年、その娘牛が初産分娩を迎えるまで約2年。さらに初産時のデータがようよう揃うのに約1年、そして体型審査……といったように候補種雄牛が評価を受けるまでには長い時間がかかることが大きな短所となります。

　昨今は非常に優秀なゲノミック評価を有して若いオス牛（ヤングブル）の精液が供用されるようになってきました。これまではいくら優秀な遺伝評価を受けている両親から生まれたオス牛であってもその遺伝能力を評価するPA（両親平均からの遺伝評価値）の信頼度は決して高いものではなく、またほぼあり得ないことですが同じ両親であればその兄弟のPAは全て同じという結果でした。ところがゲノミック評価を受けることによって得られる若齢オス牛の遺伝評価値（GPI）の信頼度はかなり高められてきました。

　相当優秀と見込まれる遺伝子を有するヤングブルであれば、指をくわえて後代検定の結果を待つよりも、適度に危険分散を図りながら先取りしていく価値は十分に見込まれます。合衆国などでは、高

いゲノミック評価を受けたヤングブルの供用が過半数を占めるようにもなりました。長い時間をかけて強打者の出現を待つ間に、2割2～3分程度の打率かもしれないけれども若手の有望選手を幾人も見つけ出し、数多く打席に立たせるチャンスを与える有利さととらえることもできるでしょう。そこで若手が優秀な実績を残せば、まさに優れた遺伝子の先取りとなります。それでも現在のゲノミック評価の信頼度は後代検定に及ぶものではありませんし、米国のルーキーリーグで図抜けた成績を持つ選手だからといって日本野球でも活躍できるという保証はありませんから、舶来をむやみにありがたがることもないでしょう。それぞれの長所・短所を抑えたうえで、自らの牛群づくりに有利に作用しやすいように種雄牛を選んでいくことが適切となるでしょう。

　またゲノミック評価は、これまでは遺伝率が低くて種雄牛からの改良が難しかった形質に対する働きかけも期待されるようになりました。特に繁殖に関する形質として娘牛の受胎率は 0.02 ほどの遺伝率しかないことから、種雄牛によって娘牛の繁殖性の改善はほぼ見込まれない状態でした。しかしゲノミック評価の利用により、種雄牛側から繁殖成績への働きかけが期待できるとなると非常に魅力的です。同様に諸外国では、低カルシウム血症や乳房炎、四変やケトーシスなどに対する抵抗性もゲノミック評価の対象として分析が進められており、こうした後天的な要素の強いとされる形質にどこまで遺伝子が関与できるかは興味深いところでもあります。

　人間の方も各人の遺伝子情報に基づいて高い治療効果が期待されるオーダーメイド医療の可能性が見込まれるなど、多くのメリットを享受できるようになることは喜ばしいことです。

　しかしそれでも人類は生命のごく一部を知ったに過ぎません。動植物と直接的な接点を持つ農業に関わる立場としては、常に生命への畏怖の念を忘れることなく、行き過ぎた利益優先の資本主義や効率一辺倒の理論に一方的に巻き込まれてしまうことにないようにしたいのです。

撫牛（なでうし）

父さんの総合評価

　種雄牛の評価値は「乳用種雄牛評価成績」（いわゆる「赤本」）に収録されています。ところがこの本を紐解くと専門用語や計算式が数多く記載され、老眼にはきついほど細かな数値がびっしりと並んでいます。

　赤本の膨大な情報のエッセンスが凝縮されているのが、本の冒頭にある「総合指数トップ40」です。授精所も大抵このラインナップの中からピックアップした種雄牛の精液を所有・管理されているでしょう。

　この総合指数（NTP：Nippon Total Profit index）とは何でしょう？　1頭ずつの種雄牛には「乳量を伸ばすことは得意でも、乳タンパク率は下げやすい」「乳量の伸びはそこそこながら、乳器や蹄の改良はかなり期待できる」などといった特徴があります。これらの特徴を1頭ずつ比較することは大変なので、トータルで見比べやすいようにまとめた指標が総合指数となっています。その中身は「乳成分量の改良が期待される」点に7割の重みづけをし、次に「牛の耐久性（乳房と肢蹄）」を考慮し、「疾病繁殖」としては繁殖（空胎日数）や乳質（体細胞スコア）などを組み入れて計算されています（図）。

7.0 乳脂量&乳タンパク量	1.8 乳房&肢蹄	1.2 空胎など

　最も重視されているのが"乳量"ではなく"乳成分量"となっているのは訳があります。それは一般に産乳能力が遺伝的に向上してくるにつれ、乳成分率は低下する傾向があります（負の相関関係）。ところが少々乳成分率が下がっても、産乳量が多ければ結果的に乳成分量は高まることになります。そのため乳脂量と乳タンパク量にポイントをおけば、産乳量と乳成分とがバランスよく改良されることが期待されることになります。

　諸外国の種雄牛の総合評価値として、アメリカでは TPI、カナダは LPI、オランダは NVI などがありますが、これらを算出するために取り上げられている形質の選定や比重のかけ方はそれぞれの国で異なっています。それは各国がどの方向で乳牛改良を進めていきたいかの戦略の表れとも言えるものです。

各形質の遺伝率（抜粋）※	
泌乳形質	
乳量	0.500
乳脂量	0.498
乳蛋白質量	0.429
体型形質	
高さ	0.51
蹄の角度	0.06
乳房の懸垂	0.20
その他の形質	
体細胞スコア	0.082
在群能力	0.051
泌乳持続性	0.211
難産（直接遺伝率）	0.06
未経産娘牛受胎率	0.016

　産乳量や産成分量だけでなく特定の部位の体型を改良したい、乳房炎になりづらいタイプがいい、泌乳持続性を高くして欲しいなど、乳牛の改良に対する要望は数多いでしょう。総合指数にこうした項目を数多く取り入れて評価すれば良いのではとも思われがちですが、あれもこれもと総花的な総合評価値としてしまうと、かえって何を改良したいのか不明瞭となり、特徴の乏しい種雄牛が並ぶことになってしまうでしょう。また遺伝率の低い形質に大きな重みづけてしまうと評価の精度そのものが低下しやすくなります。

　泌乳能力とともに長命性や繁殖性への改善も生産現場からの強い要望となっています。体型を良くすれば長命性に貢献できるといった裏付けもはっきりしていないのが現実のようですが、評価形質の中の耐久性（在群能力等）により重きをおいた「長命連産効果」といった指標もあります。また各社が様々な健康形質などに重点をおいた評価値も提供しています。

　長命性と生産能力の双方を加味して評価した生涯生乳生産性（116 〜 123 ページ参照）のような情報を種雄牛の評価に取り入れることはできないものかと愚案も巡らせますが、家畜育種学に籍をおいたものの不出来な学生で、その後も熱心に学び直さなかった私ですから単なる的外れの思い付きかもしれません。

　昨今はゲノミック評価や種雄牛選定システムなどの利用した乳牛改良の取り組みも増えています。便利なツールではありますが、育種の基礎やこれまでの乳牛改良のプロセス、そして何より目の前の乳牛の様子などをすっ飛ばして、解釈が単純なデータとマニュアルだけでにわか勉強した人が農場で乳牛改良の手法を知り尽くしたかのように語るのはやや違和感も覚えます。乳牛のことなら何時間でも語れるような超・牛好きな生産者や授精師などの視点、そしてどういった乳牛を作っていきたいかの戦略をベースとしてゲノミック評価が利用されていくことが望まれます。

※「乳用種雄牛評価成績」（2021 年 2 月／家畜改良センター）より

遺伝率と近交係数

　遺伝学の入門で必ず登場するのがメンデルの法則です。丸としわのエンドウ豆を掛け合わせると……といったものですが、人間や乳牛にもメンデルの法則が当てはまるものがありますが、性格や能力など説明がつかない形質もたくさんあります。これは2つ以上の遺伝子が関与し、さらに環境要因が加わってきます。

　血液型など遺伝によって100%説明できるものもありますが、大半の形質は後天的な影響を受けています。身長などのように遺伝率が高い形質は環境的な影響は大きくありませんが、生活習慣病の発症のしやすさとなると確かに家系的な要因はあるものの、後天的な影響が大きくなってきます。同一の遺伝情報を持ちあわせている一卵性双生児が、成長するにつれて様々な点で相違が生じていく様子は、環境による影響を示す好事例と言えます。

　乳牛として重視されるパフォーマンスの中で、産乳量や産成分量などの形質は0.4～0.5と比較的高い遺伝率を示しています。このため種雄牛からのみならず、高い遺伝能力を有する母牛の後継牛の比率が高まれば牛群としての資質は向上しやすくなります。その一方で、ホルスタイン種にランダムに他の乳用種を掛け合わせてしまうと、雑種強勢という面では期待されることがあっても、産乳量は大幅に低下することもあります。産乳量と強靭性あるいは長命性などといった形質にバランスよく働きかけるための交雑種の創出は魅力的ではありますが、たとえ平均除籍産次を伸ばす作用が遺伝的にあったとしても、同時に起こる産乳量の減少をどこまで抑えられるかによって、その価値は決まってくるでしょう。日本国内ではこうした交雑による乳牛の創出事例があまり

に少ないため、普遍的な情報や技術として普及するにはまだ相応の時間が必要となるでしょう。

　産乳量や産成分量が遺伝率の高い形質であることから、優れた遺伝子を有する特定の種雄牛は広範囲で供用されてきました。特に著名な数頭の種雄牛ともなると現在のホルスタイン種の血統を数世代 遡(さかのぼ)ればほとんど登場しますから、血統の近似しやすくなり、既に日本のホルスタイン種の近交係数（近親交配の程度を示す値）の平均値は 6％を超えています。今後も乳牛の改良を推し進めていく上は、近交係数の上昇はゆっくりとではあっても避けられないでしょう。

　ちなみに正確な近交係数を導き出すには、どれだけ正確な血統情報があるかがキーとなります。優れたシステムは 10 世代以上 遡(さかのぼ)って近交係数を算出していますが、中に 3 代ほどの限られた血統情報しかないものもあります。娘牛の近交係数の上昇を抑える種雄牛の選定システムも広く浸透してきましたが、そもそもの血統情報が十分でないシステムを利用すると近交係数は誤って低めに表示されることになります。

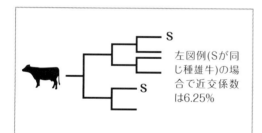

左図例(Sが同じ種雄牛)の場合で近交係数は6.25%

　近交係数の上昇は産乳量を低下させ、受胎率を悪くすることがあるので回避したいところです。ところが現在のホルスタイン種の血統の中で当初目安とされた娘牛の近交係数 6.25％以内に固執すると種雄牛の選択余地はかなり限られ、それは今後益々顕著になっていきます。また近交係数を抑えることを優先して種雄牛を選定していくと、かえって乳牛改良を抑制することにもなりかねません。

　近交係数の上昇による悪影響はその値が高まるほど顕著になりやすいようですから、大きな上昇を招く種雄牛の選定は今後とも避けるべきでしょうが、その上限をわずかに緩める程度であれば、その弊害は限定的ですし、種雄牛の選択域も大幅に広げられます。

遺伝子は同じでも……

　女王蜂と働き蜂。見た目も役割も全く違いますが、同一集団にある蜂はみな同じ DNA を所有しています。設計図である DNA が同じなのに、形作っている体の違いはどこから生じるのでしょう？

　幼虫が女王蜂になるか、それとも働き蜂（全てメス）となるか。その相違を生じさせているのは、幼虫時に摂取するエサにあります。女王蜂は幼虫時に大量のローヤルゼリーが与えられて育っています。試しに働き蜂になる予定の別の幼虫にこのローヤルゼリーを与え続けると、やはり女王蜂となるそうです。

　三毛猫にも類似した特徴があります。ネコは技術的にクローン（100%同じ遺伝子をもつコピー）を作りだすことができることから、ある大金持ちが死んでしまった三毛猫が恋しいために大金をはたいてコピーネコを作ってもらったそうです。しかし残念ながら最大の特徴である毛皮模様は同じとはなりません。ネコの毛色遺伝子は非常に複雑で、後天的に受ける僅かな違いによって柄が変わってしまう形質のようです。

　また妊娠中の母親が厳しいダイエットをすると、胎児はへその緒を介して「外界は栄養飢餓にある」という情報を受け取り、それに順応しやすいようになります。結果、積極的に脂肪を蓄積しようとセットされ、太りやすい体質の子供になるそうです。

　これらはいずれも後天的に受けた影響によるものです。同一の DNA であっても、こうした相違が生じるのは「エピジェネティクス」の影響と考えられています。

エピジェネティクスは、"エピ＝外側"と"ジェネティクス＝遺伝子"の造語で、遺伝子以外に遺伝に影響するものを意味します。例えるなら、家の設計図（遺伝子）が同じであっても、建築中の天候や材料の価格変動、作業にあたる大工の気分で2つとして同じ家が出来上がらないようなものでしょう。

同じDNAを持つ一卵性の双子も、その顔立ちがそっくりであっても、指紋に至るまでは一緒にはなりません。それは胎児の時の子宮内の位置、受け取る栄養レベルなどが微妙に異なることで成長過程に違いを生じさせているためと考えられています。

ホルスタイン牛もエピジェネティクスの影響を受けていることが試験研究※から推測されています。それは母牛を「初産牛」「2産目」そして「3産目」のグループに区分し、生まれた子牛を追跡・調査したところ、それぞれの子牛が搾乳牛になった際の産乳成績を比較すると、"産次の高い母牛から生まれた子牛ほど（母牛の産乳能力と比較して）産乳レベルが伸びづらい傾向にある"というものでした（遺伝的改良補正後の比較、n＝約15,000）。これは産次が進んだ母牛ほど一般的には産乳レベルが高いため、栄養的なストレスが胎児に影響し、遺伝子の発現（能力発揮）にインパクトを与えたのではないかと推測されています。

受精卵が獲得した遺伝能力を発揮するには胎児のときのみならず、子牛や育成の期間に受けるストレスの度合いも見逃せないことになります。特に顕著な差となりやすいのは生誕直後の初乳から離乳まで、そして離乳後しばらく期間の栄養や健康状態でしょう。この時期にこじれてしまうと、将来の長命性や産乳性に悪影響を及ぼしやすいことは多くの方が経験上ご承知の事実です。胎児の時を含めて成育過程で一度入ったスイッチは戻ることはないようで、これを可塑性と呼んでいます。ゲノミック検査により乳牛の産乳能力などが推定されるようになってきましたが、後天的に受けたインパクトが遺伝子の発現に及ぼす影響までの把握には至りません。

遺伝的に優れた育成牛（産乳ストレスなし）に優れた能力が期待される精液を授精し、その子牛を元気に育てることは、牛群がその能力を発揮する上ではこの上なく有利な条件を整えやすいことも推測されます。

※ Long term effects of transition (Gonzalez-recio et al., 2012)

低体温と酸欠からの救出

　人は体温が2℃ほど下がってしまうと軽度の錯乱状態に陥りやすく、正常な判断力もしづらくなってしまうそうです。人や牛といった恒温動物がその体温調整力を失いつつある状態は、非常に大きなリスク下にあることを意味します。

　生まれたばかりの子牛が直面する大きな課題が「低体温症」と「酸欠」です。

　母体から娩出されたばかり子牛の体温は母牛よりちょっと高めの39.0～39.5℃ですが、気候条件の恵まれた時期に正常なお産で生まれた子牛でさえ、初日の数時間は軽度の低体温に陥りがちとなります[※1]。体温調整が未発達なまま生まれてくる多くの動物が最初に直面する大きな関門となっています。

　「寒さ」とは、体熱が強く奪われる状態です。冬季の低温はその大きな要因となりますが、体の濡れや直接あたる風による影響も軽視できません。生まれたばかりの子牛は暖かい羊水で全身がずぶ濡れですが、その水分は急激に冷えていくので体熱は奪われやすくなっています。新生子牛が初めて体験する外気温は母体の中とは10～20℃の温度差は当たり前、時には60℃ほどにもなるのですから半端なレベルではありません。しっかりと体が乾く前にすきま風にさらされたり、濡れた敷料の上で過ごすとなると子牛が感じる寒さはこの上なく増幅してしまいます。

新生子牛を素早く乾かして保温

　もちろん生まれたばかりの子牛はこうした厳しい環境に耐えるため、すぐに使える熱源を体内に蓄えています（ブラウンファット）。しかしこの燃料は限られていますから、長く寒さに耐え得るほどの力は持ち合わせていません。そもそも子牛の体脂肪率はわずか3〜4%、体を絞り切ったボクサーでさえ8%ほどですから、いかにスリムな体であるかが分かります[2]。生まれたばかりの子牛が斃死した原因の中にも、実際のところは「凍死」に分類される子牛も少なくないのかもしれません。

　また胎児のときには、へその緒からの供給されていた酸素や栄養素が出生とともに途切れ、その瞬間から新生子牛自ら呼吸しなければ酸欠に陥っていまいます。逆子や難産した子牛は酸欠のリスクが高まくなります。酸欠によって血中の二酸化炭素濃度が高まると、呼吸性のアシドーシスとなります。さらに血中の酸素濃度が低下することで、体内の組織の中では代謝性のアシドーシスも引き起こされます。アシドーシスが重篤になると子牛はぐったりとしてしまいますから、その見た目から虚弱な子牛と判断されるかもしれません。これに低体温症がこれに加われば、哺乳意欲が起きづらくなるのも道理でしょう。

　母体に守られてきた胎児（子牛）が自らの力で生きるように切り替わった瞬間、まず優先されるべきは「呼吸と体温の確保」です。すぐに新生子牛をお湯で洗って、しっかりとマッサージしながら乾かしてやるといった一連の作業は手間がかかりますが、その後の元気な子牛を作りあげていく上では大切なプロセスでしょう。なかなか十分な対応しきれない場合には子牛に適度な温風をあてられる資材は便利な道具です。

　酸欠気味や寒さを強く感じて元気のない子牛にカテーテルを使って初乳を強制的に胃袋に送り込むのもひとつの手段ですが、免疫グロブリンの吸収が間に合う5〜6時間以

内であれば、子牛の様子が落ち着き哺乳欲を示してから飲ませてやる方法も悪くはないでしょう。温かな初乳は免疫力の獲得だけでなく、血流を促し、必要なエネルギーを子牛に供給します。これぞ呼吸と体温保持に続く子牛を守る第3の矢となります。

※1 Body temperature decreases after birth even in healthy calves (Davis and Drackley, 1998)
※2 全酪連セミナーより

離乳への段取り

　離乳時期は特に定められたものはありませんが、日々の成長が著しい時期ですから、離乳によって強いショックを与えない配慮が大切となります。

　生誕から2カ月齢までに体重を倍増させるには1日当たりの増体量は0.7kg近くになります。そのために必要となる栄養分を日々供給することになりますが、離乳は全乳や代用乳から得られていた栄養源を断ち切ることになります。離乳後の順調な発育を支えるために、代替となる栄養分をスムースに摂れるように予め準備を整えておく必要があります。また離乳時は、子牛に離乳以外のストレスを与えないようにも配慮します。

　新生子牛の消化機能はもちろん乳成分対応の仕様ですから、必要とするエネルギー源はもっぱら乳脂肪や乳糖に依存しています。こうした子牛にミルクを飲み放題にさせたらどうなるかを試験した結果によると、飲む回数は1日6〜10回で、その量がピークとなるのは3週齢あたり、その後はゆっくりと他のエサへとシフトしていく様子が伺えました。

　ではミルクの代替となる栄養源であるスタータを自由採食させるとどうなるか。個体差はあるものの子牛がそれなりの量（200〜300ｇ）食べ始めるのも同じく概ね3週齢でした。これはスタータなどに含まれるデンプンを消化する能力は新生子牛には備わっていないものの、3週齢頃から徐々に消化酵素が分泌

され始めるのと一致します。そして離乳しても大丈夫と思われる程度のスタータを安定的に食べられるようになるのは 50 〜 60 日ほどとなります。スタータの摂取量が不足しているのに離乳させてしまうと、栄養不足やストレスによる離乳スランプが待ち構えることになります。

　子牛が乾物であるスタータを 1kg 食べるために、その約 4 倍の水分が必要とされます。哺乳による水分だけでは全く不足ですから、きれいな水の給与は欠かせません。特に冬場、屋外のハッチの水はすぐに凍りついてしまいますが、1 日 2 回ぬるま湯などを給与することは子牛の順調な成長を支えていく上では必須となります。

　また、与えられるスタータが新鮮であることも大切です。離乳前はなかなか上手に食べることができず、食べ散らかし気味になるのは人間の子供も子牛も一緒です。子牛がスタータの味を覚え始め、自ら口にするようになったとしても、唾液や水、ミルクなどでスタータを汚してしましやすいことは致し方のないことです。上手に食べられるようになるまで、数日分まとめて与えるよりも、少量ずつのスタータをバケツに入れて給与し、ふやけたようなエサになる前に新しいものと取り換えてやることが適切です。

　スタータの摂取量は、ミルクを飲む量、そしてそこに含まれる乳脂肪量によって変動します。給与するミルクが多いままではスタータの摂取量はなかなか増加しません。離乳に向けて哺乳量を徐々に抑え、スタータの摂取量を増やしていくという段取りは有益です。

　子牛は母体の中から外界へ、そして離乳という 2 つの大きな「移行期」を経験します。いずれも子牛には厳しいハードルとなりがちですが、離乳しても子牛から「ヴェー」と不満を訴えるような鳴き声が聞かれないことが、上手くいった離乳といえるでしょう。

どんな牛になるのか!?

　幼い頃の体験や家族との関係は、その後の人生観や価値観、性格などに大きな影響を与えているとの研究が数多く出されています。果たして牛はどうなのでしょうか？

　新生子牛が周辺のことを意識し始めるのはいつ頃なのでしょうか？ 哺乳を受けている時点で管理してくれる人が自分のことを大切に思っているか、実はあまり好きではないけれども哺乳をしているのかということを子牛は見抜いているようですから、人とはどう付き合っていくべきかを、この時点から学び始めているのかもしれません。

　また自分と同じ生き物が周辺にいることを認識し、それとは共に群れで暮らす仲間でありながらも、また時には飲食や休息場所を巡ってはライバルとなることを覚えることになります。子牛がこうした社会性が育んでいく過程には多くの環境的な要因が関与しますが、その大半は管理者である人間がコントロールできることです。栄養面や環境面など子牛を取り巻く諸条件（カーフ・コンフォート）が、成育のみならず、個性の形成にも影響しているのではないかと推測されます。

　他の牛の存在を早くから意識させる上で2頭の哺乳牛を同じハッチ内で飼養する「ペアハッチ」はなかなか興味深い様子を私たちに示してくれます。哺乳期間中にある日突然、自分と同じような生き物が目の前に現れ、お互いの行動を目の当たりにしながら刺激しあって暮らすことは、ハッチ内で1頭暮らしをしている子牛には想像すらできないことでしょう。連れだって採食するなどお互いの社会的な刺激は、哺乳期のスターター摂取量を増やし、増体にも好影響を与えるという結果をもたらせているようです。哺乳ロボットではさらに同居する仲間が多くなりますから、小さいうちから無駄な争いが起きることを避けるためにも気分の良く横臥できる十分な広さを提供し、哺乳するスペースはにおいを含めて常に清潔に整えておくのは大切でしょう。

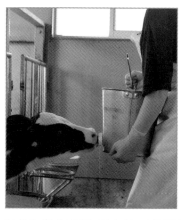

他の牛の存在を早期に覚えることはグループ飼養となった際、早く順応でき、スムースに発育しやすいというのは大きなメリットです。

離乳後まもなくといった若い月齢でも乳牛は売買されていますが、市場でこじれ気味になってしまった子牛を見ると、過ごしてきた環境や栄養面では厳しい状況があったと推測されます。ある生産者はこうした子牛を育て直す名人でしたが、そうした子牛は心も傷ついているため、まずはそれに寄り添うことの大切さを話されていました。それでも重篤な肺炎を経験した子牛はその多くの肺胞が機能を失っており、これは残念ながら成育しても回復することはありません。そのため泌乳牛になってからも小さめの排気量のエンジンで過ごすことになり、代謝活動が制限されやすくなってしまいます。

　子牛や育成牛が自分の体を作り上げていく過程で栄養不足などの成長への制限要素が加わると、本来あるべき育成の姿とは差が生じやすくなりますが、これは体の部位によって違いがあるようです。かつて馬の成長曲線を研究したことがありますが、体高や体長、腰幅や胸囲など様々な部位によって成育速度には顕著な違いが認められました。特に根拠があるわけではありませんが、そうした傾向は乳牛も同様であると推測されます。例えば、頭そのものの大きさや飛節から下の足の長さは、それ以外の部位と比較すると環境的な要因を受けづらく、ほぼ順調に成長していくようです。そのため栄養を含めた管理面に課題があると、どことなく顔がでかく見えたり、足が長く見えたりする育成牛となるようです。またタンパク質が不足すれば臓器を含め、筋肉量が少なくなりやすいために貧弱に映ります。タンパク質に対してエネルギーが過剰であれば小さくてゴロっとした体ができやすくなります。さらに体そのものを大きく成長させるべき育成前中期に十分なガサのエサを獲得しづらければ、肋の張りが悪くなりやすく、後でこれを取り戻すのがなかなか大変なようです。

　育成牛や初産牛の体型やそのバランスは、それまでその牛がどんな環境であったかを表しています。ベテランの市場担当者などが一瞬で、それぞれの牛を見抜く眼力にはいつも感心させられます。

遊ぶ子牛

　成長するに従い、元気に跳ねまわるようになっていく子牛の姿は、若い生命の躍動感が伝わってきて、見ているだけでも何だかうれしさを感じさせてくれます。

　遊ぶことができず、ストレスを受け続けた動物が奇妙な行動をすることは、よく知られています。以前は馬と接する機会が多かったのですが、十分な管理が長期間なされずに馬房に閉じ込められがちであった馬は熊癖（ふなゆすり：馬房内で肢を踏みかえ身体を左右に間断なくゆする）やグイッポ（馬栓棒などに上歯をあて空気を呑み込む）といった悪癖を身につけてしまいがちでした。また人から手荒い扱いを受けてきた馬は、さしたる対象物でないものにも強く警戒しやすいナーバスさがあったり、逆にむやみに人を噛んでくるといった攻撃性を有することもありました。こうした馬が背負ってしまったトラウマと付き合っていくには人が気長に、我慢強く、極力穏やかに接しながら習性の矯正に努めていくのが一番でした。

　動物はストレスを感じると脳からβエンドルフィンなどが放出され、心理的な不安や苦痛を取り除こうとします。それが奇妙な反復行動などにつながることがあるそうで

す。つまりは脳の機能によって生じている合目的的なストレス解消というわけです。動物園で飼育された動物の中にも、同じ場所を繰り返し同じパターンで歩き回る、あるいはひたすら動かずにじっとしていることがあります。通常の行動や本来の行動から外れるようなこうした行動はステレオタイプ（常道行動）と呼ば

れ、自分を取り巻く制約の多い環境、時には人からの粗雑な扱いがこれらを誘起しています。

　子牛が走ったり、飛び回ったり、他の子牛と頭を突き合わせたりする様々な行動。こうした適度な運動は、子牛の体を丈夫にし、順調な成長を促します。動くことで消費されるエネルギー以上の価値は十分に見込まれるでしょう。また外部の刺激に対する順応性を高めるという効果もあるでしょう。自分以外の存在を認識し、仲間同士との付き合い方を覚えたり、人間や音などへの対応力を養うことにもなります。

　子牛が自由に遊ぶためには、相応の空間が必要となります。離乳してもなかなかハッチから外に出してもらえない、あるいは舎内で繋留されたままであると行動は制約されます。人間であればそろそろ保育所に通い始め、遊ぶことで体を作り、また社会性を育む頃です。可能な範囲で行動の自由を与えることは、丈夫で健康な若牛を作りあげていく上で大切ですから是非とも提供したいところです。

　人間は小学校低学年に活動量が低く、最大酸素摂取量が低い子供は、思春期（中高生）の段階でメタボリックシンドロームになりやすいとの研究報告もあります。もしかしたら育成後期や泌乳後半に無駄に肥りやすい牛は、単にその時期の栄養管理だけの問題ではないのかもしれません。その一方、育成前期に仲間と遊ぶ中で社会性を身につけた牛は、その後もグループの中での立ち振る舞いが上手く、無駄な闘争にエネルギーを割かなくてもすみ、ストレスに対する抵抗力も高くなってくれるでしょう。

　また低栄養下におかれた子牛はあまり活発に行動しないことが認められています。同様に疾病やケガ、低い健康レベル、あるいは換気の芳しくない施設内やぬかるみの多いパドックで養われている子牛や育成牛の行動も緩慢になりがちです。

　つまりは「子牛の行動活力」と「満たされている栄養や環境、健康レベル」にはかな

りの相関があり、基本的な要求が満たされた子牛や育成牛ほど活発な遊びが見られ、その牛の生涯にわたって好影響があるのではないかと推測されます。

PART 2

乳牛からのメッセージを
読み解こう

宝!? それともゴミ?

　検定農家へと送られてくる大量の成績表。せっかくの情報ですから、その利用を促そうと数値の意味などを長々と記した解説文もありますが、乳牛たちの顔がさっぱりと浮かんでこないような文章を読むことは、盛夏にぬるいビールを飲むのと同じくらい期待外れの不愉快感があるかもしれません。

　検定成績表には重要な数値ばかりでなく、大多数の人が必要としない数値までもが、びっしりと書き込まれています。乳検データのマニアでもない限り、全てを丁寧になぞる必要はありません。また成績表には幾種類もあり、もちろんそれぞれの目的があって作成されていますが、利用する側が必要性の薄いと判断した書類は、随時処分しないと事務机や居住空間を乱雑にします。不要なものが積み重なると大切なものが見えづらくなり、何の利益を生み出さない"探す"という時間を人に多く強いることになってしまいます。

　情報提供側は発信することが仕事ですが、受け取る側は利用することが仕事となります。価値ある情報に割く時間を充実させるには、今の時代、不要な情報を廃棄していく行為を意識的かつ積極的に行う必要があるようです。何となく興味ある、いつか役に立つかもしれないと蓄積させた情報は、その内容のアウトラインやしまってある場所が自分の中で明確でない限り、最終的にはゴミにしかなりません（これは自分自身が大いに反省すべき点で、気付いたら本箱やハードディスクの中はゴミだらけです……）。

　そもそも情報量は多くなるほど全体を精度よく把握でき、そのことが問題発見や解決をスムースに推し進められるかといえば、必ずしもそうではありません。かえって全体像がぼやけてしまったり、いつの間にか何が目的で目の前の情報と相対しているのかを見失ったりすることもあります。いつか遠くない将来、現状よりもはるかに多岐にわたる諸データが膨大に蓄積され、これを AI（人工知能）が解析することで農場内の優先すべき課題を正確かつタイムリーに知らせてくれる時代がくるでしょうが、それはまだもう少し先の話のようです。

　限られた時間の中で効率良く成績表を活かすには、まず全体像をとらえた上でボトルネックを的確につかむことが重要となります。ボトルネックとは、全体の生産効率を低下させている最大級のポイント、別の言葉では "最も足を引っ張っているところ"、あるいは "課題の真因" です。例えば、サイレージの発酵品質にかなり問題があって産乳量や乳房炎、経営に困難を生じさせているのに、乳検成績のそれぞれの項目のデータの良し悪しを単独で判断し、飼料添加物やホルモン剤の投与といった対策を講じても根本的な解決にはなかなか結びついてはくれないでしょう。基準値や標準値を称する値と比較して、あれこれと課題を拾い上げて評論するだけなら、さして難しい作業ではありません。農場内のボトルネックを探り当て、そこに限られた現場の時間や労力を集約して働きかけ、成果を挙げていくことにデータ活用の真の価値があります。

　乳牛たちが管理者に向けて送る一線級のメッセージは1枚の「牛群の成績表」にかなり凝縮されており、農場全体の生産性を向上させるためのヒントも、この中に詰め込まれています。農場のボトルネックを探る上ではかなり強力なツールとなりますが、牛群の成績表の全ての数値が高い利用価値があるわけではありません。

　次ページ以降で、ポイントを絞って解説していくこととしましょう。

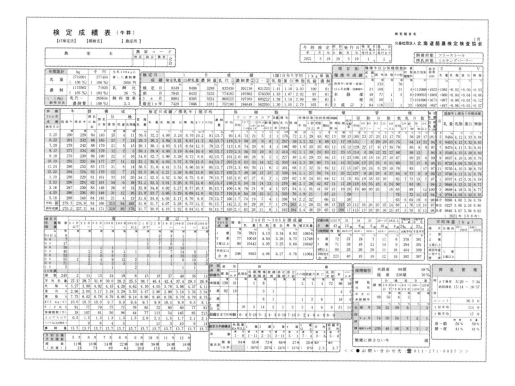

読み取りフロー その一例

　数値は単純明快な情報ですからその評価も簡単に思えますが、乳検成績で示される産乳量や分娩間隔、初産分娩月齢といった多くの項目は、「高いほど良い」「長くなるほど悪い」といった判断が必ずしも適切とは限りません。

　酪農の最も主要な収入源にダイレクトに関与する「乳量」の値。基本的には高い方が喜ばしいでしょうが、高まった分だけ経営にはもちろん、農場全体の生産性向上に有効に作用するかといえば必ずしもそうとは限りません。単純な大小だけではその良し悪しが正確に評価しがたい成績表の数値は何とも曲者（くせもの）ですが、乳検成績に示されている数値の大半はこうした特徴があります。

　一枚の成績表にスキマない程に並べられた数値の読み取りを手助けするため、基準値や地域平均値などと比較することで、自分の立ち位置を知るという手法があります。これは大半の酪農家の方は既に承知していることでしょうが、一定の目安とはなっても妥当性を正確に判断するには至りません。そもそも他人の産乳量を比較し、それに一喜一憂していると大抵ろくなことは起きません。

　それぞれの項目が何を表現することを目的として計算して表記されたデータであるかが明瞭であると、その数値の意味する背景が見え、同時に他の項目との関連も明確になります。とはいっても各項目の微細な意味にこだわって解説を進めると、ありがちなくどい内容となってしまいます。そこで、主に初心者に向け、短時間でアウトラインを抑えるためのひとつの読み取りフローをお示ししていくこととします。

　次の5つのポイントを抑え、その相互関係を読み解いていくと、1枚の牛群成績表から農場全体の様子が3Dのように浮かび上がってきます。これに目の前の乳牛が行動で物語っている情報を織り交ぜて想像を膨らませていくと、現場で乳牛と相対している人にしか考えが及ばない真実へと迫ることもできます。「乳検成績を分かりやすく」といくつかの項目の値を拾い上げてグラフ化したものは、乳検成績に不慣れな人を活用の入口へと誘（いざな）い、分かりやすさを提供する役割は果たせるでしょうが、断面を切り取っ

ただけのグラフ情報での深読みにはおのずと限界があります。

1) 長命性

　1人当たりの売上高が極めて高い会社であっても、社員の大半が疲れ果てて次々と早期退社しているようでは永続した健全経営は望めません。酪農も乳牛という最重要資産がどれほど長持ちしているかは見逃せないポイントです。

☞ 検定日牛群構成、年間追加除籍牛（102〜105ページ）

2) 産乳量

　各農場によって求められる産乳量レベルは異なりますが、期待値に達しているか、あるいは変動させる要因には何があるかなどを探求します。また乳量の表し方にもいくつかのパターンがありますから、それぞれの特徴も確かめておきましょう。

☞ 検定日成績／搾乳牛1頭平均、経産牛1頭当たり年間成績など（106〜123ページ）

3) 繁殖

　繁殖成績の指標とされやすい分娩間隔日数などは過去の結果を集計したもので、なおかつその数値が算出される背景が農場によって異なります。より直近の繁殖状況をモニターしつつ、どのように働きかけていくべきかを考察します。

☞ 搾乳日数、初回授精、授精頭数、今月の未授精牛、除籍牛、分娩間隔など（124〜131ページ）

4) 乳質

　乳質対策の要は、新規乳房炎の発症を抑制にあります。そのために過去の乳質の推移から何が起きているかを読み解いて、課題を掘り起こします。

☞ 体細胞・リニアスコア（時系列・泌乳ステージ別）、除籍牛など（132〜137ページ）

5) 周産期の様子

　周産期に健康レベルを損ねてしまうと、乳期全体の生産量やその後の繁殖状況にも強いインパクトを与えます。リスクにさらされやすい周産期の乳牛の様子を探ります。

☞ 検定日乳量階層、分娩頭数と検定日成績、月別分娩予定頭数など（138〜139ページ）

長命性あってこそ①

　かつて7～8産目、時に10産以上の乳牛が牛舎にいることは珍しいことではありませんでした。ところが現在は、初産と2産の乳牛が全体の6割近くを占めています[1]。乳牛の長命性の確保は、酪農の経営安定にとって欠かせない課題となっています。

　牛群の乳検成績の中で見落としてはならない値のひとつが平均産次、あるいは平均除籍産次です（図）。平

検定日牛群構成	未経産 12ヵ月以上	1 産	2 産	3 産	4 産	5 産以上	平　均	除籍牛平均
年　　齢 歳 月	1 - 7	歳 月 2 - 0	歳 月 3 - 1	歳 月 4 - 1	歳 月 5 - 4	歳 月 6 - 6	歳 月 3 - 7	歳 月 6 - 6
産次別 頭 数 （比率）	7頭	16頭 (25%)	22頭 (35%)	13頭 (21%)	3頭 (5%)	9頭 (14%)	産次 2.5	産次 4.0

均産次は現役の経産牛、そして平均除籍産次は過去1年間に除籍された乳牛がその対象となります。

　平均産次の値は孕み牛を一時的に多頭数導入した経過があるとか、生産調整や法定伝染病などにより少なからぬ乳牛の除籍が強いられたといった事由で短くなることもあれば、長期分娩間隔牛や慢性的に乳質に課題を抱えているような高産次牛が数頭いることで長くなることもあります。ですから単純に数値の大小でその是非が判断されるものではありませんが、数値が小さければ乳牛の長命性の課題が示唆されやすいでしょう（北海道平均産次2.5産、平均除籍産次3.3産[1]）。

　平均産次と平均除籍産次。何となく類似する2つの値はパラレルの関係にあるのでしょうか。農場毎の平均産次と平均除籍産次の相関関係を調べてみる[2]と、農場間でかなり大きなバラつきがあることが分かります（左図）。また平均産次と平均除籍産次の分散状況（右上図）を見ると、平均産次（破線）の方は、その平均値である2.5産を中心

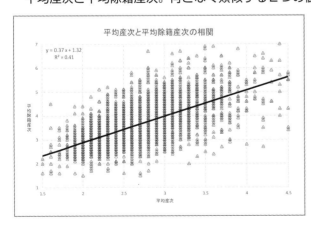

平均産次と平均除籍産次の相関

$y = 0.37x + 1.32$
$R^2 = 0.41$

にほぼ正規分布に近いことが分かります。対して平均除籍産次（実線）の方は、かなり幅広く分散しています。こうした様子から、平均産次の値だけで牛群の長命性（平均除籍産次）を物語るのは精度が欠きやすいようです。

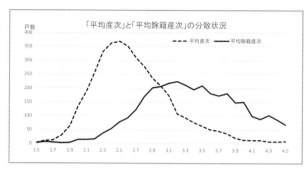

「平均産次」と「平均除籍産次」の分散状況

平均産次や平均除籍産次が短縮化しやすい大きな要因は、若い産次で多くの乳牛が除籍されることにあります。

そこで牛群内の除籍された産次別の頭数とともにその理由を正確に抑えておきたいところですが、残念ながら乳検成績の除籍理由の精度はイマイチです（左図）。除籍理由は検定時にデータ収集されますが、現状のデータ収集の手法では自ずと精度の確保には限界があります。それに乳牛が農場を去らざると得ない事由もひとつとは限りません。乳牛が牛群を去っていった理由は重要な情報ですから、実情がどうなっているのかは成績表の除籍理由を参考に見極めていく必要があるでしょう。

年間追加除籍牛	追加頭数	マスター比率%	除　　　　　　籍										計	マスター比率%
	頭数	%	乳房炎 頭	乳器障害 頭	繁殖障害 頭	肢蹄病 頭	消化器病 頭	起立不能 頭	その他 頭	低能力 頭	死亡 頭	乳用売却 頭	頭	%
未経産	96	30	1										1	
1　産	72	22	2	1		1			5		3	8	20	6
2　産			4		3				5		1	7	20	6
3　産以上	1		5	7	5	2			21	1	6	14	61	19
除籍日までの年齢			5-3	6-8	6-6	5-5			5-11	7-8	5-1	5-4		

また少なからぬ乳牛が周産期から泌乳ピークに向かう時期に除籍され、これが農場の収益性に深く影響していることは大きな課題となっています。北海道の検定農家だけでも、分娩から50日以内に除籍される乳牛頭数は1年間で2万頭を超えています。分娩後経過日数別に除籍牛が集計されていると役立つのですが、残念ながら現在の牛群成績表ではその表記がないので別途確認となります。

※1 北海道の乳検成績（2021.06）　※2 北海道の検定農家 3,878 戸対象（2019.10）

牛群構成には各産次の平均年齢の記載もあります。これは前産次の年齢と比較し＋1.2歳以内（願わくば1.1）に収まっていて欲しいものです（5産以上を除く）。わずか0.1ではありますが、これはほぼ1カ月に相当しますしから、差があるほど繁殖管理で相当苦戦した痕跡を示すものとなります（右図）。

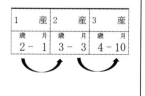

1　産	2　産	3　産
歳　月	歳　月	歳　月
2 - 1	3 - 3	4 - 10

長命性あってこそ②

　産次構成の頭数比率。これを見比べてみるだけでも農場の足跡や背景などがいろいろと浮かび上がってきます。

　対象項目の様子を探るには平均値とともに、その分散の状況を確認しておく必要があります。牛群の長命性の様子を探る上でも、産次の構成も着目します。

全道の産次別構成

検定日牛群構成	未 経 産 12ヵ月以上	1　　産	2　　産	3　　産	4　　産	5　　産 以　　上	平　　均
年　　　齢	歳　月 1- 7	歳　月 2- 0	歳　月 3- 2	歳　月 4- 4	歳　月 5- 6	歳　月 7- 6	歳　月 3- 8
産次別　頭　数 　　　　（比率）	125754頭	118683頭 （ 33％）	95277頭 （ 27％）	64577頭 （ 18％）	38860頭 （ 11％）	38258頭 （ 11％）	産次 2.5

　同一牛の比較ではありませんが、産次別の頭数比較は牛群で何が起こっているかを推し量る上でヒントとなります。通常どおりに乳牛の追加・除籍が継続されている農場であれば、初産に対する2産の頭数比率は9割、願わくは9割5分欲しいところです。同様に3産牛は2産牛の8割以上は確保したいところです。初産から2産が9割、そして2産から3産までが8割確保されれば、初産牛の7割以上は3産まで駒を進めることができ、より多くの乳牛が経営に貢献してくれる可能性が高まります。初産や2産で除籍される乳牛の比率が高い場合、これは相当高い優先順位でもって対策に取り組むべき課題に位置づけられるでしょう。

　一方、牛群の平均産次が3.0を超えるような値であると喜ばしいことのように思えますが、それでも経営的には苦戦を強いられるケースもあります。

　高めの平均産次にもかかわらず好ましくないパターンとしては、初産や2産の頭数が少ないものの、5産以上の頭数比率が高いケースです。こうした場合、本来であれば除籍されても致し方ない高産次牛が、少しでも出荷乳量を稼ごうと半ば無理に畜舎内に残されていることがあります。様々な事由で乳牛を失いやすい状況にあると乳牛の淘汰

基準が甘くなり、その結果、搾乳日数（牛群の平均分娩後経過日数）が慢性的に長期化しやすく、期待値とはかけ離れた1頭平均乳量となり、同時に乳質や繁殖でも相当の課題を抱え込むこととなります。あまり収益確保に結びついていない乳牛が牛床の多くを占めることにもなるので、日々の管理作業もテンションがあがりません。こうした場に、いきなり栄養管理などの技術論やデータ活用の手法などが持ち込まれても、その効果は期待しがたいでしょう。また外部から乳牛を導入し、出荷乳量を押し上げるといった方策もありますが、結果的には、より深刻な経営的な課題を抱えやすくなることがあります。それは場内に乳牛の健康レベルを損ねている要因が放置されたままであるためで、導入した乳牛も同じ道筋を辿りやすいことよるものです。経営を継続あるいは浮上させるには、乳牛の健康レベルを損ねている要因に対して、不退転の決意で的確な投資を行う必要があるでしょう。

　一般的には、2産次の乳期途中頃までは育成経費あるいは導入経費といった先行投資を回収している時期であって、それ以降が本格的な農場の収益となります。もしも育成牛（孕み）が格安で導入できるのであれば、経産牛の回転率を高めてでも産乳量を稼ぎ、結果として平均除籍が短くなるというのも、経営面からはひとつの選択肢となります。しかし通常の育成経費や導入経費ではそうもいきませんから、乳牛の長命性確保は酪農経営の上からも不可欠な課題に位置づけられることは相違ありません。

　長命性は単に産次を重ねた乳牛が数多くいるだけで満足されるものではなく、同時に農場の期待する乳量レベルを確保し、繁殖性をコントロールしていくことが欠かせません。これらは産次構成とは別の項目（産乳性や繁殖効率）をチェックすることになります。長命性と生産性の双方をまとめて評価できる「生涯生乳生産性」（116 〜 123 ページ参照）は、乳牛という資産価値が活かされているかを評価する上でも役立つでしょう。

乳量のはなし①

　各個体牛や牛群全体がどれほど稼いでくれているのかを推し量る指標として、産乳量の値はもっとも気になるところです。この産乳量の表現にはいくつかのパターンがありますから整理してみましょう。

● 1日1頭当たりの乳量

1日の検定総乳量／検定搾乳頭数（≒1日当たりの出荷乳量／搾乳牛頭数）

　もっとも馴染_{な じ}みのある乳量で、毎回の出荷乳量に直接的に影響します。この乳量の特徴は、その時々の牛群の様子をとらえた“スナップショット的な情報”であるということです。

移　動 13ヵ月 成　績 検定月日	牛		
	経産牛	搾乳 日数	乳量
	頭	日	kg
5. 25	280	163	32.2
6. 22	281	165	30.2
7. 20	278	170	30.1
8. 17	277	179	29.9
9. 18	276	190	32.7
10. 19	283	177	30.8
11. 24	286	173	31.8
12. 22	284	170	30.4
1. 19	288	161	32.0
2. 23	286	151	32.3
3. 16	287	149	34.6
4. 20	290	148	33.7
5. 18	288	145	34.8
平均・計	279.3	166	31.7
前年成績	270.2	171	30.9

　1日1頭当たりの乳量は、乳牛の産乳能力や栄養などの環境面ばかりでなく、牛群の平均分娩後経過日数である搾乳日数[1]と密接な関係にあります（右図）。分娩頭数が比較的多い時期は牛群内に泌乳初期からピークにあたる乳牛頭数が多くなりやすいため、搾乳日数の値は短縮化されて1日1頭当たりの乳量は増加しやすくなります。その逆もまた然_{しか}りです。

　ここで特に留意しておきたいポイントは、1〜2カ月前に分娩頭数が比較的多かったものの1日1頭当たりの平均乳量の増加に反映されてこないケースです。その原因としては、泌乳後期の多くの低乳量牛が平均値を下げているといった場合もありますが、分娩から泌乳ピークへと向かって過ごした乳牛たちが、その能力を発揮しづらかったことによって起きている例も少なくありません。そうした様子は検定日乳量階層（右上の図）で確認することができますから、期待値に達しなかった乳牛たちから「何かご不満な点がありましたか？」と直接話を聞いてみる（？）価値は高いでしょう。そのことは今後のカイゼンへとつながる重要なヒントを提供してくれるでしょう。もっ

検定日	2 産 以 上				
乳量階層	21日以下	22日~	50日~	100日~	200日~
kg	頭	頭	頭	頭	頭
55以上		2	3	1	
50	1	3	2	1	
45	2	7	6	2	
40	5	3	13	13	
35		2	7	14	5
30	3	1	4	10	13
25	1		1	6	10
20	1		1		6
15				5	1
15未満					1

とも好ましくないパターンは少なからぬ分娩牛がその後、早期のうちに牛群を去っていったというケースです[2]。

　搾乳日数の他、1日1頭当たりの乳量を変動させやすい主要因は基礎飼料（粗飼料）です。晩春から初夏の頃に放牧主体の農場においてよくみられますが、栄養価と嗜好性の高い放牧草で腹を十分に満たした乳牛たちは1頭当たりの平均乳量を押し上げてくれます。また農場内の最上級の1番牧草が開封され、搾乳牛がこれを飽食できた時にも上昇傾向がみられやすいでしょう。さらにコーンサイレージでも収穫されてから2～3カ月頃から給餌されるよりも時間を経て発酵が進み、デンプンの消化率が高まってくると産乳量に反映されることがあります。これらはいずれも、基礎飼料の良否は、産乳性に強く影響していることを示すものといえます。

　季節的には徐々に日が短くなってくる初秋頃には、1日1頭当たりの乳量は低下傾向が伺えます。全ての動植物にとって季節の変わり目、特に厳しい時節を迎える際は、体調に変化が伴いやすいのは不可避なのでしょう。

※1 搾乳日数：牛群の分娩間隔が420日であれば、乾乳日数を除くと360日ほどが搾乳日数となります。年間通じて分娩頭数がほぼ分散していれば、搾乳日数はおおむね半数の180日前後となるでしょう。搾乳日数は牛群の繁殖成績が強く関与し、牛群平均が200日を超過する状況が継続すると産乳量も抑制されやすくなります。
※2 毎月の除籍頭数、それを搾乳ステージ別に集計したデータ表記があれば除籍牛を的確に把握でき、便利でしょう（下図）。

検定月日	搾乳牛	分娩			除籍				
		頭数	初産	雌	頭数	~21日	~100	~300	301~
6. 4	60	7	2	4	9	2	1	1	5
7. 7	58	6		1	3			1	2
8. 6	61	8	2	5	4	1	1		2
…									

乳量のはなし②

　牛群の1日1頭当たりの乳量は、いわばクラスの平均点。全員が高得点であれば大変に結構な話ですが、どうしてもバラつきを伴います。そのバラつきの様子から、乳牛たちが感じている生活満足度を推し量ってみてはいかがでしょう。

　同じ産次・同じ泌乳ステージであれば、大差のない産乳量が見込まれます。ところが上方に位置する乳牛もいれば、その逆もいます。以前ならばその差は"個体の能力"に主因を求めることもできたでしょうが、遺伝的能力の優れた乳牛たちがズラリとそろった現在では、やはり管理面から何らかのインパクトを受けた結果ととらえる方が適切でしょう。

検定日乳量階層 kg	頭数 頭	1　産						2　産　以　上					
		21日以下 頭	22日~ 頭	50日~ 頭	100日~ 頭	200日~ 頭	300日以上 頭	21日以下 頭	22日~ 頭	50日~ 頭	100日~ 頭	200日~ 頭	300日以上 頭
55以上	5							2	3				
50	13							1	1	4	7		
45	20							2	1	6	7	3	1
40	16			1						3	7	5	
35	38		1	2	5	2		1			8	13	6
30	33			2	9	6	3			2	1	5	5
25	30	1			5	6	5	1			1	3	8
20	17			2			1					7	7
15	1											1	
15未満	3					1					1		1
頭　数	176	1	2	6	19	15	9	5	4	18	32	37	28
平　均　乳　量		29.8	40.0	29.8	32.4	30.0	28.4	41.6	54.6	47.9	42.6	33.8	29.4

　牛群レベルでどれほど差異が生じているのかは、「検定日乳量階層」の欄で直感的に判断できます（図）。産次（初産と2産以上）と泌乳ステージが同じ搾乳牛を対象にして表示されていますから、基本的には産乳量レベルは同程度であることが見込まれます。泌乳初期から中期にかけては概ね上下3コマ以内に集約されていれば好ましいでしょう。

　泌乳初期からピークにかけて産乳量が下位に位置する乳牛は、本来の能力を発揮しづらい環境下にあったことが示唆されます（あまりに下位にぽつんと置かれるほどの低乳量の牛は、検定時の疾病状態が疑われます）。ピークに向けて十分な産乳量を得られない乳牛は、その後も伸びきれないまま乳期を終了しやすい傾向にありますから、累積乳量は1,000kg以上の差異となることは珍しくありません。牛群の平均値を押し上げるには、こうした能力発揮不全の乳牛の出現をいかに抑えるかが大きなポイントとなるでしょう。

　泌乳初期からピークにかけてバラツキを生じさせる要因は、難産や過肥、乳房炎、それに産褥期の健康レベルなど数多く挙げられますが、乳牛のパフォーマンスの根幹は採食・飲水・横臥といった基本行動に、どれほど満足度が得られているかによって支えられています。検定日乳量階層のバラツキが下位にあった乳牛の視点から飼養環境を見直し、管理面で改善できることがないかを検討してみることは有益です。特に乾乳期を過密で過ごした社会的立場の弱い牛は自由な横臥や採食が阻害され、それが分娩後の採食量の制約や健康維持に支障をきたしやすく、産乳量も期待値へと届きづらくなります。また畜舎や管理面のキャパを超えて牛を持ち過ぎていると、泌乳初期の産乳量のバラツキが常に顕著に見られるようにもなるでしょう。

　暑熱ストレスや基礎飼料（粗飼料）の品質低下といった牛群全体にインパクトを及ぼすような事項は、産乳量を全体的に低下させやすいので大きなバラツキとはならないかもしれません。それでも舎内が厳しい環境下にあるほど牛群内での下位の牛ほど辛い状況に置かれやすいことも考えられます。

　またバラツキではありませんが、搾乳日数が 300 日を超過し、エサ代や手間に対して得られる乳代が僅少か時にマイナスとなる乳牛の存在がどれほどいるかも検定日乳量階層の欄でチェックします。

　日本の製造業を世界のトップクラスにまで押し上げた強力なノウハウは「品質管理」（QC）です。これは出来上がった製品の中から不良品を取り除くという行為ではなく、最終的に狙った品質となるように、そのプロセスで不良品が発生する要因を排除していく一連の取り組みです。品質管理はロスの抑制だけでなく、生産コストも下げるように作用します。

　本来の能力が発揮されずに低下してしまった生産量はロスです。1 頭 1 日当たりでは些少な損失ではあっても、群や年間単位で蓄積すれば相当なものになります。成績表から現在生じているロスをあぶり出し、費用対効果が見込まれる対策を講じていくことが後々の利益に反映されていきます。"バラツキという情報"は品質管理にとって大変に役立つヒントとなりますから、検定日乳量階層のデータに示された乳牛たちの声は傾聴に値します。

乳量のはなし③

　泌乳ピーク以降、搾乳日数が長くなってくると乳牛の産乳量低下は必然ですが、泌乳後半の産乳レベルや頭数比率の様子は結構深々と経営面に関与しています。

　搾乳牛から得られる収益の大半は、おおむね分娩後 150 日以内に集約されます。泌乳持続性が高ければ稼ぎの高い期間が延長されますが、少なからぬ乳牛は泌乳後半になると得られる乳代に対してエサ代などのコストを考慮すると薄利、乳量レベルによってはマイナスにさえなります。泌乳後期の頭数比率が高い状態が長期化してくると、牛群の搾乳日数の値も継続して高めに推移し、平均乳量を押し上げることはなかなか難しくなってきます（図）。

13ヵ月成績 検定月日	搾乳日数	乳量
	日	kg
6. 4	225	20.6
7. 6	217	22.3
8. 6	223	19.3
9. 9	228	24.5
10.7	234	21.7
11.10	246	23.3
12.9	257	20.3
1. 7	268	20.2
2. 6	270	21.9
3. 8	282	23.7
4. 6	287	23.1
5.10	276	23.3
6. 6	279	23.0

　泌乳後半の乳牛に相応の産乳量があれば問題はないでしょうが、費用対効果が期待しがたい産乳量レベルの泌乳後期牛が牛群内に多くなってくると、少なからぬ数の過肥牛を作りやすく次の産次で面倒が起こりかねないことから決して好ましいことではありません。

　実際、泌乳後期の乳牛が多くなると、搾乳作業でもきれいに乳頭を拭いてティートカップを装着しても、わずかな時間で自動離脱が作用して次々とユニットが外れてしまうので搾乳の面白み（?）が感じられづらくなるでしょう。また、より長い期間、真空圧にさらされた乳頭口は傷みやすくなり、乳房炎のリスクも高くなります。さらに結構な手間やお金をかけて得たサイレージや牧草などは、出荷乳量の割にはその在庫が減少していくスピードに早さを覚えるかもしれません。牛群全体の乳飼比も上昇しやすく、これが経営に重く圧し掛かることもあります。

　こうしたことから、泌乳後半の乳牛の頭数比率やその産乳レベルは、労働時間に対して得られる出荷乳量といった労働生産性、あるいはエサ代に対する生乳生産効率といった事項に強く影響を与えることになります。

　泌乳後半が無駄に長くなり過ぎないためには、受胎の遅れをなるべく避けなければなりませんが、そのためには分娩後の順調な繁殖サイクルの回復とともに産乳量を支えるための高い採食量が欠かせません。このことは乾乳期から周産期の管理が大きく影響することになります。特に搾乳牛を1種類のTMRで管理し、なおかつ期待する生産レベルを確保していくには特段に重要なポイントとなるでしょう。

検定と乳房炎

　「検定が終わると体細胞数が増えやすい」という声があります。普段いない検定員さんが搾乳中に牛舎にいることで乳牛がストレスを受けた（？）……とも言われますが、十分な説明にはなりづらいでしょう。通常、検定時は乳量を測定するために数台のミルクメーターが設置されますが、ミルキングシステムに能力不足があると真空圧供給や生乳の流れに不安定さにつながり、その後の体細胞数に影響しやすいことがあります。通常の性能を有したミルキングシステムであれば数台のミルクメーターを加えても支障ありませんが、真空ポンプやタンクの容量不足、ユニット落下テストで2kpa以上下がってしまうシステムであると悪影響が懸念されます。こうした状態は検定時以外でも乳質にインパクトを与えやすくなっていますから、早めに信頼できる方との相談し、調整することをお勧めします。

搾乳時間

　搾乳全般の作業効率が農場によってどのくらい違うかを最も詳しく知っているのは検定員さんかもしれません。搾乳頭数の割に長時間を要する農場があれば、かたや乳汁サンプリングが間に合わなくなるほどサクサクと仕事を進めている農場もあります。これは単に搾乳スタッフの人数や使用するユニット数による違いばかりではなく、人の動作の効率、牛の動きや手間のかかる牛の数、ミルカーの性能などの総合的な結果と言えます。なかなか搾乳作業を他の農場と比較・検討する機会はないでしょうが、毎回の搾乳が数分短縮するだけでも結構な作業効率アップが実感されますし、搾乳時間そのものがやや長くなっても作業スタッフの数が少なくなれば搾乳作業効率は向上させることもできます。家族経営の農場では毎回の搾乳時間の長さそのものが農場の生産性向上のボトルネックとなっていることもあります。

搾　　乳　　管　　理	
時刻	ＡＴ検定　4:48 ～　8:48 前回搾乳　15:40 ～ 19:27
ユニット	7.0 台
1 回平均	234 分
1 頭平均	18 分

乳量のはなし④

　１日１頭当たりの平均乳量は、毎月の分娩頭数の多寡（たか）のほか、季節などにも影響されます。このため月々の乳量を比較しても、その増減が飼養管理面によるものなのかは単純には判別できません。

●管理乳量

　全ての月で全ての搾乳牛が同じ産次と搾乳日数（分娩後経過日数）であれば、毎月の乳量比較は容易となります。そこで各搾乳牛の産乳量が「２産・分娩後150日目、そして分娩月４月」であったとすれば何kgとなるのかを推定したものが管理乳量[1]となります。仮想とはいえ各搾乳牛が同一条件下ですから、毎月の乳量の増減は管理面からの影響が反映されたものと推測されます。成績表では１頭ずつの管理乳量を計算し、その平均値が示されています（図）。

移動 13ヵ月 成　績 検定月日	検　定	
	管　理 乳　量	乳　量
	kg	kg
5. 8	32.8	33.8
6. 5	31.4	34.2
7. 8	29.6	32.5
8. 6	30.0	32.2
9. 4	31.9	32.9
10. 8	35.2	33.5
11. 5	37.5	34.7
12. 3	34.9	33.8
1. 7	33.3	32.9
2. 5	37.0	35.7
3. 4	33.9	35.1
4. 10	34.7	36.3
5. 7	33.5	35.9

　推定計算式の精度のこともありますので管理乳量の1kg内外の差であればさほど気になさることではないでしょうが、2kg以上の変動があれば注意を払っておきたいところです。特に基礎飼料（粗飼料）の栄養価や嗜好性の変化は、こうした数値に顕著に表れやすいでしょう。もちろん暑熱などの乳牛を取り巻く周辺環境も関与しますが、管理乳量には数多くの要因がプラスにもマイナスにも関与します。その時々に何が値の変動によりつながったかを精度よく推測できるのは、やはり日々乳牛と接している酪農家に他なりません。

※1 ミネソタDHIで提供されていたMLM（Management Level of Milk）を参考にし、1993年から北海道の乳検成績で取り入れられました。その後、都府県の成績表も北海道の様式を模して変更されましたが、管理乳量は標準乳量と表記されているようです。
　なお、分娩後経過日数が306日を超過した乳牛は、管理乳量の計算対象外とされています。その理由は、こうした泌乳末期に一般的な範囲内にない産乳量（例えば、分娩後350日で38kg）があると推定される管理乳量の精度が低下しやすいことによります。

● 305 日間乳量

　文字通り分娩から搾乳日数305日[※2]に達するまでの、個体ごとの乳期の累積乳量を集計した結果を表しています。成績表では、過去1年間に乳期を終了した乳牛が対象となっています（図）。

年 間 305日 成 績	頭 数	240日 〜 305日 間 成 績					
		乳　量	乳　脂	蛋　白	無　脂	補正乳量
	頭	kg	%	%	%	kg
1　産	29	8872	3.70	3.32	8.92	12215
2　産	25	10852	3.60	3.39	8.87	12754
3 産 以 上	40	11536	3.67	3.32	8.79	12067
平均又は 合　計	94	10532	3.66	3.34	8.84	12295

　牛群全体のパフォーマンスを高めるには、一部の乳牛が卓越した成績を示すよりも、大多数の乳牛が能力を発揮しやすいことにあることの方が効率的です。そのため個体毎の乳期乳量にどれほど差（バラつき）があるのかも確認しておきたいところです。それは1年に一度「305日間の分析」という成績表に集計されていますが、こちらはレアな成績表なので滅多に見る人はいないでしょう。分散の様子が牛群の成績表の中に記載されている方が便利でしょう（右図）。

年間 305日 成績	頭数	乳量						F%	P%	補正 乳量
		平均	〜9千	1万	11千	12千	13千〜			
1　産	29	8900	18	5	4	2		3.7	3.3	12200
2　産	25	10900	10	8	5	2		3.6	3.4	12800
3 産 ＋	40	11500	9	11	10	8	2	3.7	3.3	12100
平均又は 合　計	94	10500	37	24	19	12	2	3.7	3.3	12300

　また、最後に併記されている補正乳量は、成牛換算乳量のことです。一般的に遺伝能力は若い産次の牛ほど高いことから、初産の補正乳量が他の産次より高めの値を示すことになります。

　個体牛の産乳能力を示す「305日間乳量」よりも、むしろ牛群としての産乳効率を示す「経産牛1頭当たりの年間乳量」（次ページ）の方が着目されます。この類似した2つの乳量の相違点は「305日間乳量」は、あくまで305日という期間限定の個体毎の累積乳量という点にあり、分娩間隔が長期化し、搾乳日数が長くなっても影響を受けることはありません。「経産牛1頭当たりの年間乳量」と「305日間乳量」に相応の差異が生じているのであれば、主に牛群の繁殖成績によるところが大きくなります。

※2 240日以上の搾乳日数があれば305日にまで達しなかったとしても拡張計算して推定されます。

乳量のはなし⑤

年間の出荷乳量や収入乳代に深く関与する「経産牛1頭当たりの年間乳量」。一般的には、この乳量が高まると高評価を得やすいのですが、必ずしも経営の成果とはパラレルの関係にはありません。

●経産牛1頭当たりの年間乳量

過去1年間の経産牛1頭ずつの生産乳量の積算÷1年間に在籍した経産牛頭数

≒年間出荷乳量÷経産牛頭数

乳検成績の中で最も着目されやすい値のひとつが、この「経産牛1頭当たりの年間乳量」です。初産分娩以降の乳牛が1年間、農場に在籍することで、どれだけの産乳量があるかを示す数値です。つまり、**1年間という単位時間当たりの牛群の産乳効率**を示したものです。この乳量の値に農場内で飼養される経産牛頭数を掛け合わせると、1年間に出荷できる乳量に近似した値となり、さらに乳代単価を掛けると、酪農場のメインの収入である1年間の乳代が推定できます。

牛群成績表では移動13カ月として毎月の推移が表示されて、新たな1カ月分のデータが加わるたびに、1年前の1カ月分のデータが除かれることになります。つまり過去1年間の範囲であれば、数カ月前の良きことも悪しきことも、それが消え去るのには相応の時間がかかることになります。同時に最近1〜2カ月の1頭当たりの乳量が大幅にアップやダウンがあったとしても、経産牛1頭当たりの年間乳量には比較的ゆっくりと反映されることになり

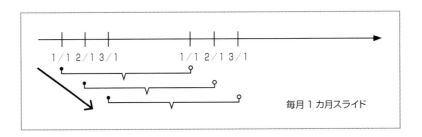

毎月1カ月スライド

	経産牛
月	乳量
月	kg
5	12722
6	12669
7	12666
8	12649
9	12684
10	12708
11	12777
12	12807
1	12812
2	12704
3	12684
4	12583

ます。

　経産牛 1 頭当たりの年間乳量の大きな特徴は、個体の産乳能力とともに牛群の繁殖
成績に強く影響されることです。受胎が遅れて泌乳後期（低乳量）の期間が長くなった
牛、あるいは乾乳日数が長くなった牛が多くなると低下するように作用します。つまり
期待する乳量レベルを安定的に得るためには、繁殖成績が伴わなければならないことに
なります。それを裏付けているのは、乳量階層別の繁殖成績（下の図）です。年間乳量
レベルの高い階層ほど分娩間隔日数が短く、初回授精が早めとなっている傾向がうかが
えます。もちろんこれは全体的な傾向であって、戸々の農場のレベルで見ると、年間乳
量はそれほど高くはなくても良好な繁殖成績により、非常に優れた経営を実践なさって
いる農場も数多くあります。

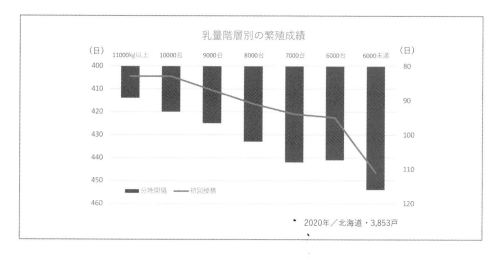

　また経産牛 1 頭当たりの年間乳量には、特に留意しなければならないポイントがあ
ります。それは先に述べた通り、 1 年間という期間限定の生乳生産性を示すものであっ
て、 1 頭ずつの乳牛の生涯については全く考慮されてないという点です。高産乳であっ
ても、若い産次で次々とバーンアウトしていく乳牛の頭数比率が高いという重大な課題
があったとしても、経産牛 1 頭当たりの年間乳量の値は、そのことを何らマイナスに
は評価しません。むしろ乳量ゼロとなる乾乳牛がいるよりも乾乳前に除籍される、それ
に初産分娩以降に即戦力となってくれる乳牛が次々と牛群に加わる、泌乳中期以降で乳
量が低くなった不受胎などの乳牛が次々と除籍されると経産牛 1 頭当たりの乳量の値
は押し上げられることになります。ですから**経産牛 1 頭当たりの年間乳量は、単にそ
の高低で判断されるべきものではなく、農場の経産牛の除籍率と合わせて判断されるべ
き**となります。

経営に大切なのはこの乳量①

　期待するレベルの乳量を提供し続け、種もほぼ順調にとまってくれた。さらに分娩後もトラブルなく、結構な産次まで頑張ってくれた。こうした「本当に自分の経営に貢献してくれたなぁ……」と思えるのは乳牛を評価する指標はないでしょうか。

　乳牛の評価は、その産乳量レベルに大きな重みづけがあるものの、やはり少なからぬ乳牛が３産以内に農場を去っていく状態にあっては、乳牛の資産価値は十分に発揮されているとは言い難いでしょう。といって産次ばかり重ねても乳量や繁殖、あるいは乳質に大きな課題を抱えていても好ましくありません。

　各乳牛の経営への貢献度、あるいはその資産価値が十分に発揮されたかを評価するには、産乳レベルとともに繁殖成績や（最終）産次や繁殖・乳質といった様々なデータをチェックする必要があります。牛群の乳検成績を見慣れている方であれば、経営面で優れた貢献をした乳牛が牛群のどのくらい占めているかは、牛群の成績表をざっと眺めると概ね推測できるでしょう。しかし大多数の人が共通して認識しやすい指標が提供されていた方がはるかに便利でしょう。

　そこで極めてシンプルではありますが、次の計算式が大いに役立ちます。

牛毎の「累積乳量（初産から最終産次までの総乳量）**÷生涯日数**（農場を去った日－生年月日）」

　これは１頭ずつの乳牛が育成や乾乳期間を含めて**乳牛が農場に１日いることでどれだけの乳量の貢献があったか**を示すものとなります。つまり各牛の産乳レベル、育成管理、分娩間隔などの繁殖管理、長命性を全て含んだ「生涯生乳生産性」となります。

　もし乳牛が初産のうちに除籍されてしまうと、いくら産乳レベルが高くても、酪農場にとっては先行投資である育成期間の日数が重くのしかかり、生涯生乳生産性の値は高まりません（下の例1）。出荷乳量や収入乳代はそれなりにはあったでしょうが、経営的な貢献には結びついていないことになります。

　対して多くの産次を重ねつつ、各産次で乳量をそれなりに稼いでくれ、長期の分娩間隔を避けた乳牛は、結果として生涯生乳生産性の値を高めます。「よく頑張ってくれた牛だなぁ」という乳牛への思いと生涯生乳生産性の値はほぼ合致します。

生涯生乳生産性（生涯生乳生産性）＝各牛の累積乳量／その牛が生存した日数

例1　　初産 9,000kg、生存日数 1,000 日（育成 700 日＋初産 300 日）
　　　　9,000 ÷ 1,000 日＝ 9.0kg ／日
例2　　初産〜 7 産の総乳量 72,100（各産 8,200 〜 11,300kg）
　　　　生存日数 3,490 日（育成 700 日＋初産分娩から除籍まで 2,790 日）
　　　　72,100 ÷ 3,490 日＝ 20.7kg ／日

　生涯生乳生産性が十分に伸びきれない乳牛の頭数比率が高い農場では、「乳量レベルの割にエサ代がかかりすぎている」ということになります（乳飼比の上昇）。そこで打開策を飼料会社に求めることもあるでしょうが、これは配合の単価や中身、給与方法といったことよりも、多くの乳牛の資産価値が十分に発揮されていないことに、その真因があるととらえる方が適切でしょう。

　また、生涯生乳生産性の低い乳牛が多くなっている農場では、労働生産性の課題も懸念されます。これは毎日結構な時間働いているのだけれども、生乳出荷量や稼ぎにはつながりづらいといった現象です。

　乳牛の資産が効率良く発揮されているかは、農場のあらゆる生産性に大きなインパクトを与えます。生涯生乳生産性の値はそのための有益な指標となってくれます。

経営に大切なのはこの乳量②

　酪農場の基礎となる資産は乳牛です。その乳牛がどれほどの価値を発揮したかは経営成果を左右しますが、これを正確に推し量るには「乳量のはなし①～⑤」で解説した乳量とともに「生涯生乳生産性」の値が有効となります。

　初産時に 9,800kg、2 産で 12,600kg……といった生産力があると 1 頭当たりの平均乳量や経産牛 1 頭当たりの年間乳量を押し上げる作用があります。しかし、こうした牛が 1 ～ 2 産のうちに農場を去ってしまうと、その牛の生涯総乳量は 1 ～ 2 万 kg ほどにとどまり、100 円乳価とすれば 100 万～ 200 万円の乳代収入となります。これに得られた産子の個体販売や最終的な肉値（あるいは共済金）といった副収入も加わりますが、哺育・育成時の経費（あるいは市場購入価格）、そして搾乳牛となって以降のエサ代や諸経費を差し引くと、手元に残るお金はそれほど多くはならず、ときにマイナスになることさえあります。

　「乳量のはなし①～⑤」の繰り返しになりますが、「1 頭平均の乳量」は検定日という瞬間をとらえたスナップショット的な情報、「経産牛 1 頭当たりの年間乳量」は 1 年間という期間での牛群の生乳生産性を表しています。ところが農場内の乳牛たちは 1 日や 1 年といったスパンではなく、より長い時間を農場で過ごしていますし、経営も長期戦です。乳牛という資産価値がどれほど活かされたかを推し量るには、時間軸を拡大して産乳性を評価してみることが必要となります。

　具体的に、ある農場の各牛の生涯生乳生産性と生涯日数を合わせてプロットした例（図）を見てみましょう。

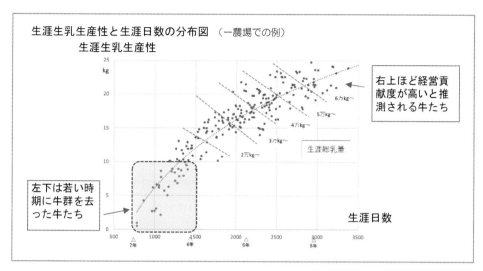

上図から、全体的には生涯日数を重ねていくと生涯生乳生産性が伸びていくのが見て取れ、右上に位置する乳牛たちの経営貢献度はかなり高いものと推測されます。個体牛によって産乳レベルの相違はあるものの、乳牛の資産価値を発揮する上で欠かせないポイントは長命性であることが理解されます。

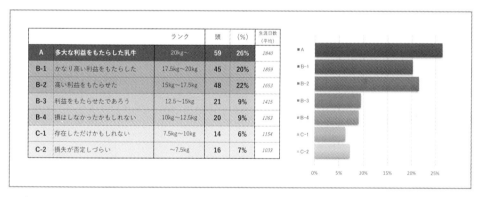

生涯生乳生産性は上図のような散布図の代わりに、上表のような乳量ランクで区分けでもいいでしょう。それぞれのランクに該当する頭数比率を見ることで経営に非常に貢献してくれた乳牛とともに、残念ながら若い産次で去っていた乳牛たちの様子が精度よく、なおかつ簡単に把握できます。このように生涯生乳生産性は、そのバラつきを確認することに価値があり、単に牛群の平均値が示されてもあまり意味はありません。

数多くの優良な農場のデータを拝見すると、生涯生乳生産性が特段に高い乳牛頭数比率が高いというよりも、堅実に稼いだ乳牛がその大半を占め、同時に 10kg 未満となるような下位ランクの頭数比率を抑制している傾向が伺えます。

経営に大切なのはこの乳量③

「最終的に乳牛1頭ずつの生涯乳量はどれほど確保できるか」。とあるベテラン酪農家は1頭当たりの年間乳量よりも、こちらの乳量を強く意識されていました。5万kgに達せばかなり優良な範囲に入るでしょうが、そのためには1乳期平均9,500kgで5.2産以上が必要です。ハードルは決して低くはありません。

高い経産牛1頭当たりの年間乳量と経営成果とが結びついていないという事例は少なくありません。そこで生涯生乳生産性の側面から2つの農場での事例を見てみましょう。双方とも非常に優良な経営成果を収めている農場です。

生涯生乳生産性

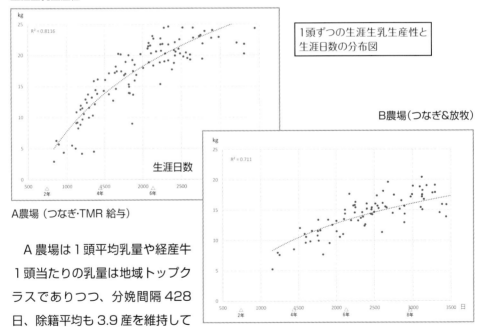

1頭ずつの生涯生乳生産性と
生涯日数の分布図

B農場（つなぎ＆放牧）

A農場（つなぎ・TMR給与）

A農場は1頭平均乳量や経産牛1頭当たりの乳量は地域トップクラスでありつつ、分娩間隔428日、除籍平均も3.9産を維持しています。2産までの除籍牛比率をかなり抑制し、経営に本格的に貢献できる3産以降の乳牛を数多く確保し、その乳牛たちも非常に高いパフォーマンスで長い期間稼いでくれています。生涯総乳量が5万kgを超える頭数も牛群の3割以上を確保しています。

一方、B農場は放牧を取り入れたつなぎ飼養です。産乳レベルとしては地域平均とほ

ぼ同等ながら1頭ずつの乳牛に対して大変に目が行き届いた農場で、特出した長命性が特長となっています。生涯総乳量が5万kgを超える乳牛は4割に迫るほどです。A農場よりさらに若い産次での除籍牛を抑え、なおかつ2,500日（約7年）以上の在籍する乳牛比率を高くしていることが優れた経営に結びついていると思われます。また各個体牛の在籍期間が長いことで後継牛にはかなりの余裕があり、これらを個体販売に回せることによって得られる収入も大きくなっています。

　2つの農場は栄養管理面からのアプローチには相違はありますが、いずれも乳牛の資産価値をその農場の管理手法のもとで高く活かしていると言えるでしょう。
　では、自分の農場の生涯生乳生産性はどうなっているのか？ 有益な情報は酪農家に

提供されるべきでしょうし、また地域内の各農場の生涯生乳生産性のデータが揃っていればJAの営農支援の材料として非常に活用しやすい情報となってくれるでしょう。生涯生乳生産性の計算手法は極めて単純ですから、過去の個体牛のデータを整理すれば表計算ソフトで簡単に集計することができます※。

　現在、農場のパーラーや搾乳ロボットに蓄積されているデータ量は、以前とは比べようがない程膨大です。こうしたデータを利用すれば、パソコン上で生涯生乳生産性などを計算し、さらに解析を進めることは訳ないことです。経営主が必要とする情報が生産現場で簡単かつタイムリーに得られるようなソフトが充実するほど、データ活用は現場のみで完結させることもできるでしょう。

※ 生涯生乳生産性の計算のために必要なデータの取得、そしてその解析手法を解説したドキュメントは釧路農協連のHPに記載しています。
　ご参照ください。

経営に大切なのはこの乳量④

　下図は前ページと同様、「生涯生乳生産性と生涯日数の分布」を示したものです。この事例から改善点を探ってみましょう。

　まず、もっとも懸念されるのは、短い生涯日数のうちに除籍されている乳牛です（ゾーン①）。90〜95％以上の乳牛は初産から2産へと移行して欲しいところですが、ゾーン①内の大半の乳牛は2産にまで至っていません。こうした乳牛の比率が多くなると経営に貢献してくれた他の乳牛の儲けは

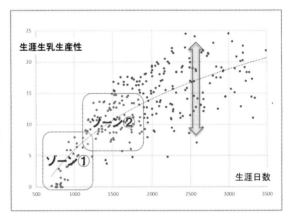

奪われることになりますから、農場の飼養形態に関わらず経営に強い負のインパクトを与えます。ゾーン①の比率が高いままであると経営の好転は期待しがたいでしょうから、若い産次で除籍せざるを得ない状況を引き起こしている事由を探り、農場の実情に応じた然るべき対策、あるいは投資を講じることが必要となります。その効果が得られれば特大の利益を提供してくれるでしょう。

　2つめのポイントは、生涯日数1200〜2000日あたりで、生涯生乳生産性も15kgに達しない乳牛が多い場合です（ゾーン②）。これは2〜3産あたりで除籍され、生涯乳量も伸びきれなかった乳牛たちです。出荷乳量ではそれなりの貢献をしてくれたでしょうが、さらにもう1〜2産多い産次を獲得でき

れば経営向上には大きな効果が期待されます。1つ目のポイントと同様、除籍されていく乳牛たちの真因を究明し、未然に防ぐ手を打つことで長い目では莫大な価値をもたらすことになるでしょう。

　3つめは、散布図内の各牛のバラつきです（図の中の上下矢印）。優れた管理をされている農場では、各牛のデータは近似曲線（点線）付近に集まりやすい傾向にあります。生涯日数が経過するほど乳牛の生涯生乳生産性がバラつくということは、それぞれの乳牛の生産性に差異が生じていることを示すものです。これには個体の能力も関与しますが、牛群内での社会的立場が中位以下に位置づけられる乳牛たちが感じている居住環境への満足度、周産期に健康レベルを損なう乳牛の出現頻度、長期不受胎牛などといった影響を洗い出し、牛群全体の管理精度を高めるためのヒントとして利用する必要があるでしょう。

　4つめに課題となるのは、施設やTMRセンター加入など給餌に関して相応の投資をした農場において、生涯日数の経過とともに生涯生乳生産性が期待するほど伸びきれていない状況です。これは経営的な課題を大きくしがちです。基礎飼料（粗飼料）の嗜好性や栄養価の向上、繁殖管理、乳房炎や周産期疾病の抑制など考えられる要因は数多いでしょうが、結果をもたらすことが期待される重要性の高い要因へ早急な働きかけが不可欠となります。

　農場の管理手法や経営主の意向といった背景を踏まえた上で、生涯生乳生産性と生涯日数との分布状況を読み解くと、農場内のどこに働きかけることが乳牛の資産価値をより引き出すことにつながるかという課題に重要な手がかりを提供してくれます。そしてこれは他ならぬ自分の農場の乳牛が残していったメッセージですから、経営や牛群管理に活かすには超一線級の情報に位置づけられるでしょう。

　さらにはいつか生涯生乳生産性とゲノム情報の関係を分析すると、どういった遺伝情報を有する乳牛や種雄牛が長命性と生産性に貢献するかが解明されるのかもしれません。

分娩間隔は繁殖指標？①

　牛群の繁殖成績を評価する指標として「分娩間隔」や「受胎率」といった値があります。これらの数値の特徴や役割を確認しておきましょう。

　繁殖状況の良し悪しを判断するために取り上げられやすいのが**「分娩間隔」**です。

　この分娩間隔は牛群内の2産以上の乳牛を対象として、直近の分娩日と前回の分娩日との日数差で表されます。当然ながら初産牛には分娩間隔はありませんから、牛群の約3割を占める初産牛はこれには関与しないことになります。また、何度か授精を試みたものの残念ながら不受胎に終わった経産牛は、次回の分娩間隔は発生しなくなります。分娩後180日を超過して妊娠鑑定マイナスであった乳牛の繁殖を諦めるか、あるいは再チャレンジをするかは、その乳牛の産次や能力を勘案して判断されるでしょうが、その基準は農場によって一様ではありません。このため分娩間隔日数の平均値が410日と425日と違いがある農場であっても、不受胎牛に対する判断が前者の農場では後者よりも早めであるということだけで、実際のところの繁殖状況はさして差異がないこともあります。

　次に、分娩間隔は"1年から1年半ほど前の経産牛へ行った授精・受胎の結果"を示すものです。必ずしも現在も同じ繁殖状況下であるとは限りません。牛群の乳検成績には「予定分娩間隔」の日数も記載されていますが、これには「授精したけど、とまらなかったので諦めた……」といった乳牛の分娩間隔を含んで計算されますから、大抵やや高めの数値が表記されています[※1]。

　特別な事情がない限り、やはり分娩間隔日数の平均値の長期化は避けたいところです。繁殖成績は経産牛1頭当たりの年間乳量や年間出荷乳量、ひいては経営にも直接的に影響してきます。

分娩間隔	頭　数	364日以下	365日～	395日～	425日～	455日以上	分娩平均	予定平均
	頭	%	%	%	%	%	日	日
2　　産	7	71	14			14	372	415
3　　産	3	33			33	33	422	428
4産以上	8	25	38	13	13	13	409	427
平均又は合　計	18	44	22	6	11	17	397	420

そこで着目しておきたいのは、分娩間隔「455日以上」といった長期に及んだ乳牛たちの比率です。これらの牛は必然的に泌乳後半（と

きに乾乳）の期間が長くなります。つまり収益性が低い、あるいは時には持ち出しとなるような日数がその乳期のかなりのウエイトを占めることになります。ざっくりと捉えるのであれば長期分娩間隔となった乳期は出荷乳量の貢献はあったとしても、収益面での貢献はあまり期待しづらいというのが実態に近いでしょう。こうした乳牛が概ね牛群の３割を超えてくると、かなり優先して改善に向けて取り組むべき課題に位置づけられます。特に初産牛は不受胎であったからと容易には諦めづらい乳牛ですから、２産（初産〜２産）の長期分娩間隔牛が多いのであれば、育成期間を含めた見直しが必要とされるでしょう。

分娩間隔

✓２産以上の乳牛の繁殖管理の結果で、初産牛は対象外である。

✓農場間での単純比較では、繁殖成績の良し悪しを正確には評価できない。

✓過去の結果であって、現状も同じ状況にあるとは限らない。

✓長期の日数に及んだ乳牛比率が農場の生産性を大きく左右する。

次に繁殖の指標として「**受胎率**」はどうでしょう？

受胎率は、授精回数に対してどれだけとまったか（受胎頭数÷授精回数）を表すものですから、高い方がいいように思われます。確かにその通りですが、この数値には分娩後、どのタイミングで授精が行われたという【時間】が考慮されていません。極端な話、分娩してから結構な日数を経て、良好な発情を示す乳牛ばかりを選んで授精すれば、受胎率の値は向上するでしょうが、遅すぎる授精は繁殖効率として好ましくはありません。繁殖の目的は「空胎牛を受胎牛へと移行させる」ことにありますが、その効率を推し測る上で受胎率という数値だけでは十分な役割を果たしてはくれません。また、その計算手法においても最終的に不受胎で終わり、繁殖を諦めた乳牛への授精を含めているか否かによっても変わってきます[2]。

受胎率

✓一般的には高い方が好ましい。

✓時間軸の側面が含まれないため、いかにスムースに妊娠牛に移行できたかという指標にはなりづらい。

✓最終的に不受胎で終わった牛を含むか、含まないかによって値が異なる。

※１ 授精したものの不受胎となり、その後の繁殖を諦めた乳牛は「繁殖に供さない」と報告する予定分娩間隔日数の計算からは除外されます。しかしこの報告をされる方は僅かです。

※２ 乳検成績では妊娠確定の判断の大半が NR70 日ですから、その精度には自ずと限界があります。

分娩間隔は繁殖指標？②

　農場の生乳生産効率を直接的に左右しやすい繁殖成績。この繁殖の状況をシンプルかつ有効にモニターする手法を探ってみましょう。

　牛群の繁殖効率をモニターするには、時間軸を含んだ「発情発見率」を用いると、その精度を増すことができます。この発情発見率とは、想定される発情回数に対してどれほど授精を実施されたかによって決まり、受胎率とかけ合わせると「**妊娠率**」となります。

妊娠率＝発情発見率×受胎率（＝受胎頭数÷発情サイクル）

　分娩後、たとえ発情があっても授精しない日数（VWP[1]）は概ね 40 〜 60 日といったところでしょうが、妊娠率はそれ以降に想定される発情回数に対して、どれだけの受胎牛の確保がなされたかを示すものです。具体的な例として下図では対象牛 4 頭に想定される発情サイクルは 15 回（1 ＋ 4 ＋ 5 ＋ 5）。対して授精回数 8 回、受胎頭数 4 頭となっています。よって妊娠率は、

発情発見率（8回授精／15サイクル）×受胎率（4頭受胎／8回授精）＝ 53%× 50%＝ 27%

　あるいは、4 頭受胎÷ 15 回の発情サイクル＝ 27%　となります。

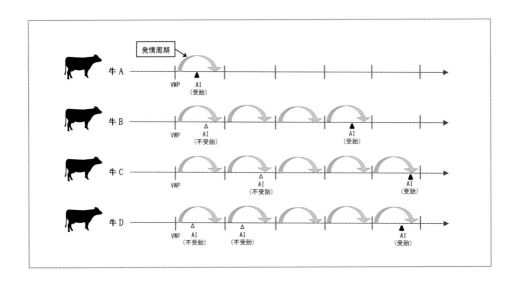

　妊娠率は牛群の繁殖状況を把握するには結構な数値です。実際のところ、これを25%ほど確保することはなかなか容易でなく、現実的には20%超を目標としたいところでしょう。牛群の成績表にはこの妊娠率の標記がありませんから推定しなければなりませんが、これを正確に計算するのは意外と面倒です。そこでアウトラインとなる値を手っ取り早くつかむ方法を探りましょう。

　まず、受胎率を計算するには、妊娠の判別が必要となります。乳検では授精後 Ｎ Ｒ 70 日[2]を妊娠牛とみなしていますが、これには不受胎牛も含まれますから精度としては今一つです。また、発情発見率[3]の値は VWP でなく初回授精以降を対象として計算しているため、実際よりも高めの数字が示されます。こうしたことから乳検成績の受胎率と発情発見率から得られる妊娠率は、現実よりも高めとなってしまいます。そこで下の囲みに示すような 2 つの数値を用いるだけで妊娠率を推定する方法がより現実に近く、なおかつ簡易でしょう。

---

①だいたいの受胎率＝ 1 ÷（妊娠までの）平均授精回数 **A**
②だいたいの発情サイクル＝（平均空胎日数 **B** − 50 日）÷ 21 日の小数点切り上げ
③だいたいの発情発見率＝授精回数÷だいたいの発情サイクル②
④だいたいの妊娠率＝だいたいの受胎率①×だいたいの発情発見率③
⑤より現実に近い妊娠率＝だいたいの妊娠率④×（0.7 〜 0.9：不受胎ギブアップ調整）

右例）
①だいたいの受胎率 1 ÷ 2.4 ＝ 42%
②③だいたいの発情発見率＝ 2.4 ÷ {（127 − 50）÷ 21 の切上} ＝ 2.4 ÷ 4 ＝ 60%
④⑤より現実に近い妊娠率＝ 42% × 60% ×（0.7 〜 0.9）＝ 18 〜 23%

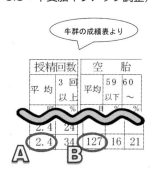

牛群の成績表より

授精回数		空　胎		
平 均	3 回以上	平均	59以下	60〜
	%			%
2.4	24			
2.4	34	127	16	21

A　**B**

※ 1 Voluntary Waiting Period
※ 2 授精後 70 日を経て、再授精や不受胎といった報告のない牛を受胎牛とみなしています。
※ 3「年間成績表」に標記されています。

分娩間隔は繁殖指標？③

　過去の繁殖成績もさることながら、現場で気になるところは最近の繁殖管理が滞りなく進められているかということでしょう。そこで単純明快ながらも牛群の繁殖状況を手っ取り早く、なおかつ簡単にチェックできる２つの方法を紹介します。

　まずひとつ目は、**初回授精の開始日数とその受胎率**です。

　初回授精の成果は、牛群の繁殖効率に特大の影響を与える要因ですから、牛群の成績表では必ず着目しておきたい数値です（右図）。

　初回授精はやたらめったら早ければ良いといったものでもありませんが、平均90日を超過してくると、よほど高い初回授精時の受胎率を確保しなければ繁殖を効率的に回すことが難しくなってきます。

　初回授精が遅れやすい原因としては、

✓ 分娩後、未授精の牛がどれであるかが牛舎ですぐに、そして簡単に分かるようになっていない。
✓ 乳房炎を含め周産期に健康レベルを低下させる牛が少なくない。
✓ 泌乳初期のエネルギー不足が長く続いている。
✓ 泌乳後半で肥ってしまった乳牛が多い。

初回授精	
受胎率	開始
％	日
43	62
6	68
35	62
55	64
42	67
41	67
	67
	66
33	66

　などが挙げられるでしょう。つまりデータ管理の不備か乳牛の体調不良のいずれか、またはその双方ということです。

　初回授精の日数は、初産牛と２産以降とで分けて考える方が適当でしょう。まだ成育の途中にある初産牛、特に牛舎内で容易に初産牛が見分けられるような牛群では、初産牛へのあまりに早い初回授精は必ずしも得策とは限

りません。初産分娩までに十分ではなかった成育分を何とか取り返そうとしながら泌乳
している段階で早々に受胎してしまうと、初産時の産乳量を低下させやすいばかりでな
く、2産目でも十分に産乳量を伸ばし切れない要因となり得ます。

　そしてもうひとつ、手っ取り早く最近の繁殖状況をざっくりとつかむには、**月毎の授
精頭数**の推移に着目します。

　毎月の授精頭数は分娩時期の偏り（かたよ）などもありますから増減が生じるのは必
然ですが、「各月の授精頭数（右図）」の推移をざっと眺めると、直近の繁殖
管理がどれほど活発に実施されているかが概ね確認することができます（育
成牛への授精は別※）。極めてシンプルながら、直近の繁殖状況を手っ取り早
くモニターできる情報となります。

　この授精頭数は初回授精とともに不受胎牛への再チャレンジ授精を合算し
たものですが、「乳牛観察やデータ管理に十分に手が回っていたか」、あるい
は「授精対象となる泌乳前期の乳牛たちの調子はどのようであったか」とい

授　精
頭
72
59
69
62
48
44
68
94

うことが時系列で把握できます。
そしてこの授精頭数の実績は、
受胎率の影響を受けるものの、その約1年
後に分娩頭数そして出荷乳量を大きく左右
することになります（次ページに続く）。

※ここまで説明して恐縮ですが、牛群の乳検成績の授精頭数の推移は使いづらい側面があります。
　ひとつはこの授精頭数に育成牛の分が含まれることによります。以前は乳検のデータベースには未経産牛の登録は非常に少なく、未経産へ
の授精報告もごく僅かであったことからほぼ無視できる範囲でした。ところが育成牛が自動的に検定農家のデータベースへと取り込まれるよ
うになり、育成牛への授精データがあると牛群の授精頭数へと加えられています。便利のようにも思えますが、実際には登録されている未経
産牛は正確とは言い難く、未経産牛への授精データの取り込みも限定的です。不確かなデータを集計すればアウトプット情報は使えません。
　また合計の欄は実績数で集計されているため、2回以上授精した牛は1頭でカウントされています。さらに前年実績の合計値は除籍牛が除
かれて再集計されているため、値は小さくなっています。
　授精実績が繁殖モニターの要所ですので、精度よく確認するには現状の成績表の値は残念ながらそのまま利用できません。

分娩間隔は繁殖指標？④

　毎月の授精頭数が概ねどのくらい確保されていると自分の農場にとって適当なのでしょうか？

毎月の	分娩間隔		
分娩頭数	13.5	14.0	14.5
経産牛 60	*4.4*	*4.3*	*4.1*
80	*5.9*	*5.7*	*5.5*
120	*8.9*	*8.6*	*8.3*
250	*18.5*	*17.9*	*17.2*

　それを求めるには、まず経産牛（搾乳＋乾乳）頭数を目標とする分娩間隔で割り返し、毎月何頭の分娩頭数が必要であるかを確認します（例：左表）。牛群の分娩間隔が1カ月伸びると生乳生産性には大きく影響しますが、表の値を見ると経産牛60頭の牛群で毎月0.3頭の差となっています。逆に考えると、継続的に分娩頭数を少しばかり増やす、そのために授精頭数を増やすことによって、生産性は大きく伸ばせる可能性があることを示唆するものと言えます。

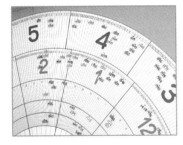

　より正確に毎月の必要分娩頭数を計算するには、流産や淘汰なども考慮しなければなりませんが、計算が面倒になり、かえって不確定要素が強まるだけなので、分娩して欲しい頭数の1.1倍程度が現実とかけ離れることなく簡単でしょう。

経産牛頭数÷分娩間隔×1.1＝毎月の分娩頭数（A）

　次に「この分娩頭数を確保するために毎月どれだけ授精を実施するべきか」は、毎月の分娩頭数を受胎率で割り返すと求まります。

毎月の分娩数（A）÷受胎率＝毎月の授精頭数

> 受胎率は、受胎までの平均授精回数の逆数（1÷平均授精回数）から、およそ推定できます。

《例》経産60頭、分娩間隔13.5カ月、受胎率40％
（60÷13.5×1.1）÷40％＝4.9頭÷30÷12.2頭

この毎月実施すべき授精頭数を把握しておいて、実績値の推移と比較すると直近の繁殖管理の進捗状況が明確になるでしょう。シンプルながら直近の様子をモニターしやすい有効な情報です。「毎月の授精頭数・目安は〇〇頭」と記した紙を壁に貼っておくだけでも日々の繁殖管理への意識づけにはいいかもしれません。

毎月実施すべき授精頭数

	受胎率	40		45	
	分娩間隔	13.5	14.0	13.5	14.0
経産牛	60	12.2	11.8	10.9	10.5
	80	16.3	15.7	14.5	14.0
	120	24.4	23.6	21.7	21.0
	250	50.9	49.1	45.3	43.7
	400	81.5	78.6	72.4	69.8

　右上の表は経産牛頭数・受胎率・分娩間隔によって毎月、何頭の授精が行われるのが適当なのか、その目安を示したものです。見比べてみると受胎率によってかなりの差があることが分かります。初回授精以降、多くの乳牛は必要とするエネルギーを充足させづらいことから受胎率が低下しやすく、それが相応のレベルにまで回復してくるのは分娩後3～4カ月以降になることは珍しくありません。初回授精の受胎率をどこまで確保できるかはやはり大きな課題であるようです。

　また毎月の授精頭数の推移は、農場レベルだけでなく地域全体の繁殖状況の把握にも役立てることもできます（ある町のデータを参考例として下に図示しました）。授精実績はほぼ1年先の地域全体の産乳量に大きく影響しますから、JA単位での授精頭数の推移を関係者全員で情報共有しつつ、授精頻度を高めるための対策を授精師を含めたチームで取り組んでいくことも有益でしょう。

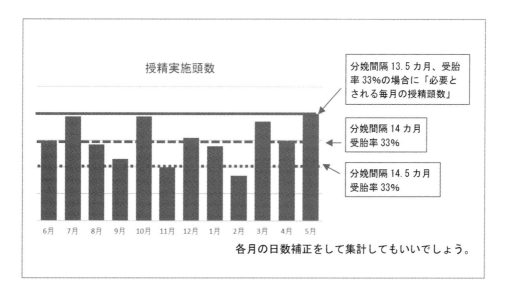

乳房炎対策にリニアスコア①

　2人以上の世帯での平均貯蓄額は約1,791万円[※1]。こうした統計が発表されるたび、多くの人はその値に違和感を覚えるでしょう。実際、全体の約2／3は平均以下であって、とてつもなく貯めこんでいる少数派が平均値を押し上げています。

　正規分布でない集団を平均値で物語るには無理がありますが、牛群の平均体細胞数[※2]もこれに該当します。仮に大半の搾乳牛の体細胞数が25～30万であったとすれば、バルク乳の体細胞数もそれに近い値となりますが、こうした状況では数多くの搾乳牛が潜在性を含めた乳房炎である可能性が高くなります。すぐにバルク乳の体細胞数を下げようとすると、廃棄される生乳が多くなりやすく、相応のダメージが伴うこととなります。ところが牛群内のごく一部の乳牛、さらに特定の乳区が非常に高い体細胞数を示すことによってバルク乳の平均体細胞数を押し上げているのであれば、その対処は限られた頭数の限られた乳区となりますから前者とは全く異なることになります。

　このように牛群の体細胞数の平均値、あるいはバルク乳の体細胞数だけでは、牛群の乳質状況を正確に把握しづらく、高い精度で乳房炎発症の原因究明や対処を行う上では体細胞数の平均値とは別の有効な物差しが必要となります。

　個体レベルで考えてみましょう。体細胞数300万の牛が320万になっても、残念ながら乳房炎が治癒しなかったという判断にもなるでしょう。しかし5万の牛が25万になったら、同じ20万の上昇でも様相は全く異なります。4乳区が一斉にほぼ25万にまで上昇するとは考えがたいので、どの乳区に問題が生じたかをチェックし、然るべき対処をするでしょう。

　こうしたことから乳質管理では、留意すべき5万～30万あたりの変化には感度良く反応し、高すぎる体細胞数の変動には影響されづらいリニアスコア[※3]が有効となります。右表を見てお分かりの通り、リニアスコアが1上昇すると体細胞数は倍になっており、体細胞数の小

リニアスコア	体細胞（万／ml）
0	0～1.7
1	1.8～3.5
2	3.6～7.0
3	7.1～14.1
4	14.2～28.2
5	28.3～56.5
6	56.6～113.1
7	113.2～226.2
8	226.3～452.5
9	452.6～

さい数値の方がリニアスコアの変動幅が大きくなっています。一例として体細胞数が5万の乳牛が25万になれば、リニアスコアは2.0から4.3にまで跳ね上がりますが、100万が120万になっても6.3が6.6と0.3の上昇にとどまります。このため個体牛のリニアスコアを集計した牛群のリニアスコアの値は、体細胞数の平均値よりも牛群の様子を的確にモニターできることになります。

牛群成績表には毎月のリニアスコアの推移（図）が「2以下」「3～4」「5以上」の3つに区分されて示されています。それぞれ「乳房健康牛」「潜在性乳房炎が疑われる牛」「乳房炎が否定しづらい牛」と理解できます。乳房炎コントロールが概ね上手くいくとリニアスコア2以下は7割以上、3～4が2～3割、5以上は5%以下に納まります。また年間のリニアスコア平均値も概ね2.3以下にまで低下し、さらに安定した高いレベルを維持すれば2.0以下にまで達し、乳量損失率は0～1%で推移することになります。

体　細　胞							
平均	リニアスコア				新規	乳量損失率 5以上	損失乳代 (月当り)
	平均	2以下 ~7.0万	3～4 7.1万~28.2万	5以上 28.3万~			
千		%	%	%	%	%	千円
216	2.6	50	38	12	8	2	44
86	2.2	68	23	9	5	1	20
145	2.4	62	27	12	8	1	32
214	2.1	67	26	7	7	1	33
182	2.4	53	37	10	3	1	43
73	1.7	73	23	4	4	1	24
67	1.8	72	24	4	4	1	23
86	1.7	64	29	7	4	1	29
67	1.9	71	21	7	4	1	24
47	1.6	75	25			1	14
63	1.9	72	28			1	19
49	1.6	67	33			1	19
100	1.8	69	27	4	4	1	22
110	2.0	66	28	6	4	1	27

「損失乳代」の欄は、リニアスコアが上昇することにより本来生産されたはずの産乳量の減少分を乳代で示しています。年平均値を12倍することで年間の損失額が窺い知れます。ちなみにこの損失額には、その他の損失（治療代・破棄した生乳・まだ資産価値を残したまま淘汰された乳牛・搾乳者の手間や精神的苦痛……など）は含まれていません[4]。

※1　総務省統計局・2020年
※2　牛群成績表に表記されている毎月の体細胞数値は加重平均値
※3　リニアスコア（（Log$e$(SCC-4) − Log$e$(100))／Log$e$(2))＋3
　　エクセル関数なら＝(LN(体細胞数／1000) − LN(100))／LN(2)＋3
※4　乳検成績では乳質悪化により3本乳となった乳牛の様子はモニターできません。

乳房炎対策にリニアスコア②

牛群レベルで乳房炎のコントロールが成果を挙げているかは「(リニアスコア)新規5以上」がよい目安となります。

乳房炎に対して効果的な抑制策を講じるには、牛群レベルで乳質がどのような推移を示しているかを確認しておくことが必要です。その点、牛群の乳検成績に示されている季節(月)別の推移、そして乳期別のリニアスコアの値は有益な情報です。

まず、季節(月)の変動について見てみましょう。

●時系列の変化

体細胞数とリニアスコアの変動は必ずしもパラレルの関係ではありません。右図はその典型的な例ですが、1カ月前と比較すると一部の高体細胞数の牛がいることで体細胞数の平均値はやや上昇したものの、リニアスコアは 2.1 まで低下していることから、牛群としての乳房健康レベルは改善されたことが推測されます。

体　　　細　　　胞						
平均	リニアスコア				新規	乳量
	平均	2以下~7.0万	3～4 7.1万~28.2万	5以上 28.3万~	5以上~	損失率
千		%	%	%	%	%
220	2.6	57	27	16	14	1
247	2.1	72	13	16	6	1

リニアスコアの平均値が前月と比較しておよそ 0.5 以上も増減しているようであれば、牛群レベルでの乳質管理に何らかのインパクトがあったことが示唆されます。

時系列でリニアスコアに変動をもたらす、いくつかの要因を考えてみましょう。

注視しておきたいひとつは、給餌される基礎飼料(粗飼料)の栄養価や嗜好性の変化、あるいはそこに含まれるカビ毒の影響です。乳牛が摂取できるエネルギーレベル、代謝の効率、解毒に要するエネルギーなどは生産性や乳牛の免疫力に直接的に影響しますが、同時に乳質の変動要因ともなります。その時々に使用していた基礎飼料の品質や収穫時の関連データなどをチェックし、その向上や安定化に向けて自分がコントロールできることは何かを見当します。

　季節的な変化として目につきやすいのは、暑熱期でしょう。これが大腸菌のような原因菌等によって一部の乳牛を非常に高い体細胞数へと押し上げられたものであれば、リニアスコアは微増に留まるでしょう。（しかし当該の乳牛にはダメージは甚大になりがちです）。厳しい環境は乳質のみならず生産量や繁殖にも強く影響しがちですから、乳牛と経営を守るため、ストレスを緩和できる環境整備やワクチン接種などといった、再発防止策を必要に応じて強化しておきたいものです。

　秋から初冬にかけて体細胞数とともにリニアスコアも一緒に上昇するケースもあります。乳牛は暑熱ストレスのなごりを残しやすい時期でもありますが、人も体調維持に苦慮するほどの急激な気温変動にさらされたり、外で冷たい降雨が乳牛の肌まで濡らすとなるとエネルギーが奪われて体調を崩すことがあります。飼養環境によってはパドックなどで牛体や乳房の汚れを目立たせやすい時期と重なることもあります。

　また、寒冷地では冬季にリニアスコアを上昇させることがあります。そのひとつは強い寒さによって生じる乳頭の荒れや軽い凍傷が起因するものでした。こうした荒れた皮膚の乳頭口周辺では SA（黄色ブドウ球菌）が増殖しやすくなりますが、これはディッピング液を冬用に変更し、乳頭を保護することで顕著な改善効果が見られました。

●「新規5以上」

　毎月の乳質の推移の欄にある「新規5以上」は、前回の検定ではリニアスコア5未満（体細胞数〜28.2万）であった乳牛が、今回の検定で5以上となった乳牛の比率を表します。つまり再発を含め、新たに乳房炎に感染した可能性が高いであろう乳牛です。

　この数値の推移は、乳質管理が期待するレベルにコントロールさているか、あるいは乳質改善のために講じた策が有効であったかを評価するのに役立ちます。10%を超過することが頻繁であれば、搾乳技術やミルキングシステムなど季節に関係なく乳房炎に罹患しやすいリスクが農場内にあることが推測されます。新規5以上の値を低く抑えられれば、牛群の乳房炎コントロールは絶大な成果を得られることになります。

体	細			胞		
	平均	2以下 ~7.0万	3 ~ 4 7.1万28.2万	5以上 28.3万～	新規5以上	乳量損失率
平均	リ ニ ア ス コ ア				新規	損失
千		%	%	%	%	%
151	2.5	58	24	18	(18)	1
133	2.3	60	27	13	7	1
122	2.0	77	11	11	9	1
110	2.0	66	26	9	9	1
170	2.6	59	24	16	8	1
68	1.9	61	31	8	3	1
64	1.7	74	20	6	6	1
131	2.4	59	24	18	(15)	1
61	1.6	80	14	6	3	0
77	1.9	66	29	6	3	1
340	2.9	54	29	17	(17)	2
88	2.1	63	31	6	6	1
256	2.7	59	18	24	(24)	1
125	2.2	65	24	11	8	1

乳房炎対策にリニアスコア③

　乳牛が最も嫌う高温多湿な環境。こうした暑熱ストレスによって数多くの乳牛が高体細胞数となる牛群もあれば、同じ環境下でも何とか乳質を維持している牛群もあります。その相違は何でしょうか。

●産次＆泌乳ステージの変化

　泌乳ステージ別のリニアスコアの推移は、泌乳経過による乳質への影響をモニターに役立てることができます。初産と２産以上のそれぞれのデータがありますが、２産以上の牛のデータの方には新規に発症した乳房ばかりでなく再発も少なからず含まれることから、泌乳機会の累積による影響をモニターするには初産牛のリニアスコアの推移の方が把握しやすいでしょう。

検定日乳量階層 kg	頭数 頭	1産					産
		21日以下 頭	22日~ 頭	50日~ 頭	100日~ 頭	200日~ 頭	300日以上 頭
55以上							
50							
45	1						
40	2						
35	7		1	1			
30	10		1	2			2
25	17		2		2	2	2
20	10				1	1	1
15	10				1	2	1
15未満	2						1
頭　数	59		4	3	4	5	7
平　均　乳　量			30.8	33.6	22.5	23.7	23.2
乳　脂　%			3.66	3.49	3.91	4.66	4.43
Ｐ　比　%			87	93			85
体細胞数（千）			109	46	133	271	195
リニアスコア			1.5	1.3	2.8	2.8	2.9

　泌乳後半になるにつれ、たとえ体細胞数が顕著に上昇しなくても、リニアスコアが泌乳後半になるにつれて徐々に高くなる傾向が見られるのであれば、乳房の健康レベルが徐々に低下していることが懸念されます。新規に発症する乳房炎を防御していく上では対処すべき課題となるでしょう。

　泌乳日数の経過とともにリニアスコアが上昇傾向にあるとすれば、過搾乳を確認しておきたいところです。一般に過搾乳は射乳量が少なくなっても、ユニットが乳頭に装着されたままの状態をいいます。稼働中のティートカップに指を入れれば分かりますが、そこには結構な真空圧を感じられます。大量に射乳したい乳牛にとっては適正な真空圧ではあっても、射乳量の少ない乳牛の乳頭口が、この真空圧に長い時間さらされるのは

避けたいところです。もちろん乳頭口の括約筋は非常に丈夫ですから簡単にダメージを受けるものではありませんが、毎日継続して乳牛に過搾乳を1回1〜2分余計に行えば徐々に乳頭口を痛める理由にはなり得るでしょう。過搾乳は単にユニットの離脱が遅いばかりでなく、ユニットの装着のタイミングのズレや射乳中の乳牛の安楽性の欠如によっても引き起こされます。なるべく短時間で乳牛が一気に気分よく射乳できるように搾乳技術やミルキングシステム能力が整えばユニット装着時間は節減できますが、搾乳前や射乳中の乳牛が不安や不快を感じる程、射乳に要する時間は無駄に長くなりやすく、このことは意図せずとも結果的には過搾乳と同じこととなります。

　もちろん乳頭口が傷んできても、たちどころに高体細胞数に移行するわけではありませんが、これに暑熱ストレスやサイレージのカビ毒といった一撃が加わると、乳房炎を発症させるリスクは高くなります。つまり最後の一撃は乳房炎を発症させた大きな原因であることは相違ありませんが、その前段では乳牛が自身の免疫力によって乳房炎に陥らないように何とか踏みとどまっていたとも推測されます。泌乳中後半のじわっとしたリニアスコアの上昇は、乳牛からの大切なメッセージととらえた方がよいでしょう。

　この他、「産次＆泌乳ステージ別のリニアスコア」が示している値から推測されることを挙げてみましょう。

　まず、2産以上（経産牛）の泌乳初期（21日以下）に高い数値が示されやすいようであれば、ケトーシスなど乳牛の体調不全、採食量やエネルギーの不足が疑われます。乳脂率やBHBに異常のある個体牛がいないかを確認します。また乾乳直後や分娩前後に乳房炎に罹患している可能性もあります。

　泌乳後期に高く、次産の泌乳初期でも高いような場合は、乾乳期治療が上手くいっていないことが考えられます。初産牛も含め泌乳初期に高いのであれば、分娩時の不衛生や多大なストレス、バケットミルカーの不備など産褥期の総合的な管理に課題があるかもしれません。

　泌乳ピーク時（50日〜）は、高めの産乳量が乳房内の菌を洗い流す効果がありますから一般的に低減傾向にあります。しかし、泌乳初期から泌乳ピークにかけて代謝エネルギーの不足、あるいはミルキングシステムの能力不足は高産乳牛の乳質を悪化させることがあります。

※1　各泌乳ステージに属する乳牛頭数が限られていると、泌乳経過による影響を推定するにはやや無理があります。過去数カ月分の牛群成績表の同じ欄をざっと見比べると、その傾向が把握しやすいでしょう。
※2　治療効果が見込まれず牛群去っていった乳房炎牛は、当然ながら体細胞数やリニアスコアの集計に入ってきません。乳房炎による除籍頭数を参考に実損を推測します。

泌乳初期モニター

　現在のホルスタイン種はとんでもなく働き者ですから、高い健康レベルを長く維持しながら管理していくには体内で起こる異常を早期に察知し、的確な対策を講じていく必要があります。

　体内の異変は血液の状態にも表れますが、その血液の状態は乳汁にも反映します。ですから乳汁の検査結果をモニターすれば乳牛の状態を手軽に、また精度よくプロファイリングすることができます。乳汁を多方面から分析できれば、有効な情報が得られることは以前から知られていましたが、検査機器の進化に伴い、こうしたデータが入手しやすくなったことは喜ばしいことです。

　牛群の生産性や効率性を確認するには「牛群の成績表」が主役となりますが、個体牛へのフォローには個体情報のチェックが必要となります。そこで「個体の成績表」を参照することになりますが、この成績表は数多くの数値が羅列されており、多頭数ともなればそれが幾枚にもなり、目を通されることなく廃棄されることも少なくありません。このことは情報提供の手法を見直すべきとの現地から情報提供側へのメッセージです。留意すべき個体牛のデータを抽出した成績表とすればはるかに見やすく、必要に応じて全頭の詳細なデータはいつでもデジタルで入手可能としておけば、現在のように膨大な紙を無駄にしなくてすみます（地球環境に優しい乳検）。とりあえずは DL（牛群検定 Web システム）でチェック※するのが手っ取り早いでしょう。確認したい項目としては、右表です。

　それぞれ値は参考ですから、農場単位で分娩後経過日数や産次、品種、季節に応じて利用者が閾値を指定してチェックできるようになっていると便利でしょう。

産乳量	分娩後 10 日目程度のレベル 泌乳ピークまでの変動幅
乳脂率	5.0%以上、3.3%以下
乳タンパク率	2.8%以下
乳糖率	4.3%以下
体細胞数	15 万以上
リニアスコア	＋ 1.0 以上
BHB	0.13mmol 以上
短鎖脂肪酸（デノボ）	22%以下
MUN	15mg ／ dl 以上
初乳ブリックス	20%以下

　特定の閾値を外れた場合の原因や対策を説明した資料は数多くありますが、もともと1頭の乳牛からのアウトプット情報ですから、それぞれの検査項目を単独で評価するよりも、複合的に見た方が乳牛の様子をより的確に把握しやすいでしょう。さらに、検査時点の結果によって断片的に判断するよりも、産乳量の変  動などを含めて時系列で乳牛をとらえると、乳汁検査の結果で課題を抱えていそうな個体牛を簡単にピックアップしやすくなります。要チェックとされた個体牛はどんな要因が関与しているのかを推測してくれるシステムが用意されていれば、人がいちいち数値を追うよりも簡単で分かりやすく、見落としも減らすことができます。

　強いストレスがかかりやすい産褥期から泌乳ピークに向かう時期の健康状態の良し悪しは、乳期全体のパフォーマンスを大きく左右するほどインパクトがあります。ですから産褥期から泌乳ピークに向かう時期の乳牛のモニターは強化したいところですが、現在の月1回という乳検の枠組みの中では、泌乳初期の様子を確認できるのは1回かせいぜい2回に限られます。

　生産現場が必要と判断した際には、検定時以外いつでも個体牛の乳汁検査が行え、その結果が成績表にも反映されれば、より高い価値の情報が提供できるでしょう。

※ DL では農場毎に簡便な閾値設定ができます。

乳タンパク（CP）と MUN

　乳タンパク率は生乳中の窒素分（N）の量を測定して求めています（N × 6.38）。しかし生乳中の窒素分はその全てがタンパク質ではなく、その約5%は非タンパク態窒素（NPN）です。乳タンパク率が3.0%であれば NPN は（3.0 × 0.05 ＝）0.15%ほど、つまり真のタンパク率は（3.0 － 0.15 ＝）2.85%となります。代表的な NPN としては MUN があります。この生乳の MUN が 12（mg ／ dl）であれば、MUN 濃度は（0.012 × 6.38 ＝）0.077%。つまり NPN の中の MUN は（0.077 ／ 0.15 ≒）0.5、約半分と推定されます。

アウトプットする力

　集積した精度の高いデータに然るべき演算処理を行うことで様々な情報を得ることができますが、“アウトプットする力”によってもその価値はかなり変わってきます。

　乳検の牛群成績表の様式は、1993年に北海道（当時の北海道乳牛検定協会）で改定されました。往々にしてそうした協議の場には、生産現場から距離のある学識経験者と称する方やデータマニアのような方が参集しやすいため、現場で本来必要とする情報とは乖離を生じさせる一因になりやすいのです

が、幸いこの時は日々で酪農家と接しながら乳検データを大いに利用している方々の意見を中心に検討されました。どんな情報が現場で役立つか、またその見せ方はどうあるべきかを徹底的に話し合い、様式の礎を作り上げました。

　様式が改定されると大抵戸惑いの声も聞かれやすいのですが、新たな様式はすぐに好評を博し、この成績表を目にした都府県の生産者や関係機関から「北海道の様式で成績表が欲しい」との問合せや要望も数多く寄せられました（2009年から都府県でも北海道と同じ様式が取り入れられ、全国で利用されるに至りました）。

　その後、一部にマイナーチェンジも施されましたが、既に様式改定から四半世紀ほどが経過しており、新たな情報や知見が加わっていますから、それらを牛群の成績表へと取り込めれば、より充実した様式へと変えることができます。ですから、乳検成績表はまだ進化の途上と

いってもいいでしょう。

　一方、膨大なデータを瞬時にして計算処理できる電算機器や使用できる電子ツールは格段に進化し、ごく身近な存在となりました。通信環境も別次元のレベルへと移行しました。そして、それはさらに進化していくことは相違ありません。

　現場ではパーラーに装備されたシステムや搾乳ロボットから日々得られるデータは膨大な量となり、優れたソフトが備わってさえいれば、現場で必要とされる情報はいともたやすく得ることができます。泌乳初期など限られた時期の乳成分などデータを取り込めさえすれば、牛群や個体牛の管理のために必要となる情報の解析はほぼ現地で完結させることも可能です。

　牛群や個体牛の関連データがデジタルで提供されるようになってきましたが、管理ソフトによって情報の利用価値は大きく違っています。

　ユーザーが必要とする情報を的確に把握することなく構築されたようなシステムは、大抵パソコンやスマホの画面上に分かりづらいメニューが並べられ、また利用価値の高い数値とそうでない数値がごちゃごちゃに羅列されています。当然、使い勝手は良くありません。グラフ化機能が充実していればユーザーは満足するだろうと勘違いしているソフトもあります。現状のDL（牛群検定Webシステム）も改善すべき点があり、価値ある情報が十分に活かされずに埋もれてしまっているのはもったいない限りです。

　現場で必要とされる情報は何か、それをいかに分かりやすく伝えるにはどうしたらいいか、レイアウトはどうあるべきかといった"アウトプットする力"は容易くはありませんが、しっかりと磨き上げて情報の価値を高めて欲しいものです。

　頑張っている乳牛たちのからのメッセージは1枚の「牛群の成績表」に凝縮して込められています。新規に加わった情報はDLや別の成績表の方を参照ください……では使い勝手が悪すぎて困ります。現場で利用価値の高い情報は何かを見極め、これを見事にまとめた様式を作り上げてこそ情報提供者として真の価値があります。

PART 3

乳牛の健康の話

炎とシス

　身体の器官名の後に「炎」の語をつけると、中耳炎や虫垂炎といったように、その部分で起こった異常を示す疾病を表すことになります。赤く腫れたり、熱を発したり、痛みを覚えることがあり、あたかもそこで何かが燃えているような症状を訴えるので「炎」という語が用いられたようです。乳牛にも乳房炎、蹄葉炎、子宮内膜炎、肺炎といった疾病が数多くあります。

　こうした炎症の多くは、細菌やウイルスなどの異物が体内に侵入したことで引き起こされます。炎症反応は体の大切な防御作用であって、これは特定の敵へと狙いを定めて狙撃する局所性の炎症もあれば、ときに全身へと波及する炎症もあります。乳房炎や子宮炎などは局所性の炎症ですが、まずこちらから考えてみましょう。

●乳房炎と子宮炎

　乳牛にとって最大級に悩ましい炎症は乳房炎でしょう。乳房炎はごく一部を除き、乳頭孔から侵入してきた乳房炎原因菌によって引き起こされます。乳牛は大切な泌乳器を守るため、防御の最前線に立つ白血球が異物を貪食しますが、役目を終えた白血球は乳汁とともに体外へと排出されます（乳汁中の体細胞の主体）。

　一方、子宮も外界からの細菌侵入を防ぐため、普段は子宮頸管などによって厳重に守られています。ところが分娩時は胎児が外に出るために一時的に外界へ大きく開放され、胎児が娩出されることにより産道は傷つけられます。その際、程度の差こそあれ、ほとんどの乳牛は子宮内に細菌感染を受けることになりますが、難産や無理な介助、不衛生な分娩場所などが重なると子宮内はさらに汚染されやすく、強い炎症が起きやすくなります。

●炎症の防御

　乳房炎も子宮炎も、体内で起きた炎症反応によって乳牛の安楽性は損ねられます。人も体のどこかに継続した痛みを感じながらの生活を強いられると、何をするにしてもテンションが上がりません。炎症に苦しむ乳牛も採食量を落としやすく、それが産褥期や泌乳ピークを迎える時期と重なると、大きなエネルギー不足を引き起こすことになりま

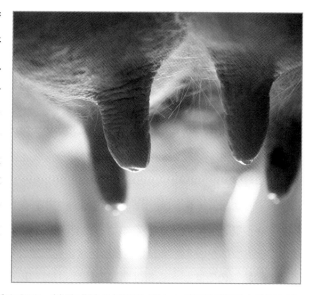

す。結果、産乳量の減少にとどまらず、繁殖成績の低下や様々な疾病に罹患するリスクを高めることにもつながります。このため乳房炎や子宮炎を抑制することは、乳牛の健康そのものを高める上でも特段に価値あることに位置づけられます。

　体外から有害な細菌などの異物が侵入して起こる炎症を防御するには、次の３つのポイントが挙げられるでしょう。まず１つは菌が侵入する入り口（乳頭口や傷口など）周辺の菌数をなるべく抑制すること、２つめに体内へ侵入しづらくすること、最後にたとえ侵入されても強力な免疫作用で圧倒することです。これを乳房炎で別の言い方をすると、牛体、特に乳頭口周辺をなるべくクリーンに保つこと（特に搾乳前後）、乳頭口を痛めつけないこと、射乳後のスムースな生乳の流れを保証すること、そして適正な栄養管理とともに乳牛の快適性（カウコンフォート）を高めるための配慮となるでしょう。乳房炎の抑制に苦慮する農場に対して技術者が部分の技術、例えば搾乳手順や添加物の使用法ばかり助言しても期待する成果へと結びついていないケースは少なくありません。

　乳房炎の発症を防御していくには部分の技術論に陥ることなく、３つのポイントのバランスに配慮しつつ、総合力を高めていくことが重要となります。

「炎」に対して、ケトーシスやアシドーシス、アミロイドーシスのように語尾に「シス（-osis）」という疾病もあります。シスとは状態を表現する語尾で、病名を表わすことにも用いられています。ちなみに炎症を表す場合の語尾は「イティス（-itis）」です。乳房炎なら mastitis（マスタイティス）で、同様に endometritis（子宮内膜炎）、stomatitis（口内炎）などとなります。

●ケトーシスとは

ケトーシスは、ケトン体という物質によって引き起こされている病的な状態であるゆえケトーシスと呼ばれます。ですからケトーシスを調べてみると、「血糖値が低下し、体内にケトン体が増えた状態」といった解説を目にされるかと思います。まったくもってその通りなのですが、これは事象を説明したにすぎませんから、これでガッテン！はしづらいでしょう。

そもそもケトン体[※1]という物質は、乳牛の体内に少量ながら必ず存在します。これが異常なレベルにまで高まってしまうと、乳牛は代謝上の不快感を覚え、食欲や反芻活動を減退させます。ちょうどヒトが二日酔いで具合悪いのと同様のイメージをされると分かりやすいかもしれません。そして二日酔いも「ちょっとお酒が残ってしまったかなぁ」という軽い程度から「頭がガンガンする」「吐き気がする」「何もしたくない」といった重度のものまであるように、何となく活気が感じられない乳牛の様子から「ケトーっぽいかな」と推測する程度のものがあれば、目の前の配合飼料にも見向きもしないといった重篤なもの（いわゆる臨床症状を呈したケトーシス）まであります。つまりケトーシスは、健康か疾病状態かの二者択一でなく、中間のグレーゾーンが幅広くあり、軽度なものまで含めると、多くの乳牛が分娩後にケトーシスに近似した経験をしているようです。

●ケトーシスの要因

分娩という難局を乗り越えた乳牛は、その直後から一気に産乳ドライブがかかるため、必要とするエネルギー量は一瞬にして劇的に増加します。その際、エネルギー代謝が十分に間に合わずに「負のエネルギーバランス」（NEB）が大きくなるとケトーシスが引き起こされやすくなります。

これを破綻させることなくコントロールしていくには、栄養管理はもちろん重要ですが、同時に乳牛の周辺環境の整備、そして乳牛が感じる痛みや不快感への高い配慮が求

められます。それらは乳牛の採食量を落とさず、NEBを最小化することを目的とします。採食量がしっかりと確保されればNEBは低減され、ケトーシスを始めとする不健康リスクは抑制されますが、採食量の低下が大きくなると全てが困難な方向へと突き進みやすくなります。特にNEBが大きい、あるいは長期化すると肝臓にかかる負担も増大し、卵巣静止、嚢腫、発情微弱といったことで繁殖成績に影響[※2]しやすく、こうした状態にあってはホルモン投与もなかなか期待する成果に結びつきづらくなります。

●ケトーシス、もうちょっと深堀

　乳牛が必要とするエネルギーをバランスのとれたエサを食べることで賄えれば大変に結構なことですが、産褥から泌乳ピークにかけては自分が稼ぐ以上には食べられません。不足分は、貯蓄を取り崩してやり繰りする家計と同様、乳牛もエネルギーの貯蓄分である体脂肪を取り崩します。しかし、この定期預金にあたる脂肪分を現金化する手続きが必要です。まず金融機関の窓口（肝臓内のTCAサイクル）へと赴かなければなりませんが、体脂肪をそのまま窓口へ持っていくと血管が詰まってしまうので、一度NEFA（ネファ：遊離脂肪酸）[※3]という物質へと変換されます。そして窓口での手続き（肝臓でNEFAからアセチルCoA）を経て、ようやく現金（エネルギー）へと切り替えられますが、実はこの窓口は普通貯金（炭水化物系のピルビン酸）を扱っているのと同じ窓口です。つまり、分娩から泌乳ピークにかけては普通貯金の手続き業務に加え、定期を崩したい客がどっと窓口へと押し寄せて、ごった返すという状況が起こることになります。処理にあたる窓口担当者は大変な働き者なのですが、いかんせん押し寄せる客数が半端ではないので、窓口の前には長蛇の列ができてしまいます。あまりに定期を取り崩したい客が殺到する（大量のNEFAが肝臓に運び込まれる）と、我慢強い窓口の担当者もこらえ切れなく（不完全燃焼）なり、その結果、ケトン体が大量に発生することになります。これが血中のケトン体濃度を異常なレベルにまで引き上げ、ひどい不快感にさらされた乳牛はケトーシスの明瞭な症状を呈するに至ります。現金がすぐに必要とされているのに定期預金の現金化がスムースにいかない、こうした乳牛にブドウ糖を注射するのは、乳牛の体へ直接現金を送り込むような処置となります。

●体脂肪率

　ところで、定期預金である体脂肪。人も健康管理のため体脂肪率が気になる数値の
ひとつではありますが、18 〜 39 歳の男性で概ね男性 17 〜 21％、女性で 28 〜
34％が標準（＋）とされています。乳牛はどうでしょう。分娩前の程よいボディコンディ
ション・スコア（BCS）の上限とされる 3.5 の乳牛（体重 650kg）でも体脂肪率は
約 18％です。人と比べると何ら高いと思われない数値ですが、体重比の 18％ですから、
体内に蓄積された実量としての脂肪量は決して少なくはないでしょう。

　BCS3.5 の牛が 3.0 まで痩せたとすると、削った体脂肪はおよそ 27kg です。体重
650kg の乳牛で約 4％分にも相当しますから、体重 70kg の人なら約 2.8kg です。
人が 2.8kg の体脂肪を半年程かけてゆっくりダイエットしたのであれば大変に健康的
な話でしょうが、乳牛は僅か 1 カ月以内で起こっていることが珍しくありません。こ
うした急激なダイエットをする乳牛がケトーシスや脂肪肝のリスクを高めるのは無理か
らぬところでしょう。ちなみに人も無理なダイエットをするとケトーシスになることが

あり、重度になるとケトン体
に含まれる比較的酸の強い物
質によってケトアシドーシス
という重篤な疾病となること
もあります。

●肝臓にかかる負担

　分娩が近づいた母牛は、胎
児から間もなく外に出るよと
のサイン[※4] を受け、泌乳のた
めのエネルギーを充足させようとして体脂肪の動員が始まります。このとき、あまりに
体脂肪を溜め込んでしまった過肥牛は採食量を落としやすく、それがさらなる脂肪動員
へとつながり、肝臓への負担が高まります。

　そして肝臓で NEFA が代謝される際、必要とされるのが大量の酸素です。短期間に
大量に運び込まれた NEFA でエネルギー供給しようとすると、肝臓では少なからぬ活
性酸素[※5]（ROS）が発生します。活性酸素は相手かまわず酸化・変性させるという強
力な作用があるため、肝臓で炎症が起きやすくなってしまいます（これが代謝性炎症で
す）。肝臓で起こった炎症を察知した乳牛の体は、これに対処しようと更なる体脂肪の
動員を図ります。それが結果的には、脂肪肝を増長することにつながります。

　さらに NEFA には免疫細胞の活動を抑制する作用があるため、急激にやせつつある
乳牛は免疫力が低下し、乳房炎や子宮炎といった炎症を起こしやすくなります。すると

乳牛は免疫を強化しようとサイトカイン[※6]（TNF α[※7]）へと働きかけますが、これが肝臓での代謝に変化を生じさせてケトン体を作りやすくします。これによって、まだエネルギー不足にあると察知した乳牛は、益々 NEFA を増やすことになります。

　こうして肝臓に端を発した代償性炎症は負のスパイラルを引き起こしやすく、「全身性炎症反応」へと波及することにもなります。その最悪のシナリオは多臓器不全にまで至るケースです。まさに「ケトーシス、恐るべし、侮るなかれ！」です。

●肝機能を守る！

　こうした肝臓で次々と起こる悪循環に歯止めをかけ、肝機能を正常に保つためには、主に 4 つの方策があります。

　まず 1 つ目は、動員される NEFA の低減化です。

　そのためには、分娩を迎える時に乳牛を肥らせすぎないことです。適正な BCS は 3.25 あたりがその上限となるでしょう。乾乳期にダイエットして調整を図るのは適切ではないため、前の産次である泌乳中期以降から肥らせすぎないように配慮します。

　また、乾乳期に高いエネルギーのエサを摂取すると、BCS が増えるまで至らずとも乳牛は内臓脂肪を蓄積しやすくなります。これもやはり分娩後に NEFA を動員させやすい一因となります（隠れメタボ）。乾乳牛が必要とするタンパク（MP 約 1,300g）を満たしつつ、過剰エネルギーとならないようにし、できればアミノ酸供給（メチオニン、リジン、ヒシチジン）にも配慮します。

　乾乳を迎えるまでに肥ってしまった乳牛にできることは限られます。分娩後の不健康や疾病状態、そして廃用を避けることを最優先し、肝機能の負担を最小化するのであれば、乾乳期を乾草とミネラル類、そして水のみで管理する飼養法も選択肢のひとつとなるでしょう。もちろんその目的は、分娩後の高乳量にはなく、過肥牛の健康保持による資産の喪失防御にあります。

　2 つ目は、肝臓での酸化ストレスの中和です。

　抗酸化力が期待されるのはビタミン E[※8] です。実際にビタミン E は分娩前から分娩後 3 週間頃まで血中濃度が低下しやすい傾向がありますから、これを給与して補ってやることは有益です。ただし、ビタミン E は過剰に与えると弊害もありますので、詳しい方や血液検査ができる方と相談しながら適量の給与をお勧めします。またミネラルであるセレン等にも抗酸化作用が認められていますので、利用されてみるのも手でしょう。

３つ目は、全身性炎症の抑制です。

　この炎症の抑制について興味深いことがあります。分娩後の数日間、非ステロイド系の消炎剤[9]により肝臓の炎症反応を抑えてやるとNEFAから発生するケトン体が抑えられ、採食性や産乳量に好結果をもたらすという数多くの研究結果です。特に初産牛や難産した牛などは、消炎剤の作用により産道に起きた局所性炎症の痛みも抑制され、産褥期に食欲を落とさず、エネルギー充足を改善し、繁殖を良くする効果が期待され、これは多くの現場でも非常に優れた成果を挙げています。獣医師とも十分に相談されてみてはいかがでしょう。

　４つ目は、強肝剤の利用です。

　これには多くの製品が用意されており、ビタミンEやバイパスメチオニンなどを含んだものもあります。セールスなどから各商品の特徴を説明してもらったうえで、コストを意識しながら利用されるのが適切でしょう。

●腐れサイレージでもケトーシスに

　さて、これまでケトーシスをひとくくりに説明してきましたが、分娩後に起きやすいケトーシスは２つに分けて考えることができます。

　ひとつは、分娩後間もない時期（約２週間以内）で起きるもの、もうひとつは、泌乳ピークに向かって（３〜６週あたり）起きるケトーシスです。後者は高産乳牛ほど起きやすいのですが、基本的に分娩後の乳牛が栄養不足から起きるエネルギー不足が主因となります。給飼や栄養管理面からの対策によって良好な改善がみられやすいでしょう。これに対して分娩直後、産褥期に起きるケトーシスは、分娩前に過肥となった乳牛に多く、たっぷり蓄積された体脂肪の処置に非常に手間取ることになります。対処や治療による効果はあまり高くはなく、長期化・重篤化しやすい場合も少なくありません。

　またケトーシスは酪酸発酵したサイレージ[10]を給与することでも発症することがあります。摂取したエサをルーメンで常に発酵させている乳牛は、いくらかの酪酸が必ずルーメン内で発生しています。しかしその量は、他の酸（酢酸やプロピオン酸など）と

比較すると少なく、問題となるレベルにまでは達しません。しかしサイレージの中に酪酸が多く含まれていると、乳牛の体内でケトン体を大量に発生させ、ケトーシスを引き起こすことがあります。

　この対策としては、酪酸発酵したサイレージの制限給飼と代替飼料による調整しか手がなく、手間やコストは増大します。春先のスラリー散布の遅れ、収穫時の土砂混入、原料草にシバムギなどの雑草が多いなど、酪酸発酵を起こす原因への対処が求められます。高い生乳生産性と牛群の健康管理のため、栄養価と発酵品質の双方が高いレベルにあるサイレージは、今後ますます欠かせないアイテムとなっています。

●モニター方法

　乳汁中のケトン体（BHB）の情報提供が始まり、潜在性を含めてケトーシスをモニターに役立てることができるようになりました。ただし乳検は月に1回ですから、次々と分娩してくる乳牛をフォローアップするには十分とは言えません。疑わしい乳牛には適時、乳汁サンプルをとって分析を依頼するか、サンケトペーパー[※11] で検査できるようにしておきたいところです。また、ケトーシスの乳牛はエネルギー不足で疲れやすくなっているためか、搾乳が終わると同時にすぐに横臥する、また倒れ込むように寝るといった様子を示すことがあるでしょう。

●アシドーシス

　次に、アシドーシスについて考えてみましょう。アシドーシス（acidosis）は、酸を意味するアシッド（acid）に由来しています。つまり、標準よりも酸性側に傾いた状態（pH低下）です。乳牛も人も体液や血液のちょうどいいpHは7.4（弱アルカリ）で、このpHは非常に厳密にコントロールされ、その変動幅はわずか±0.05という極めて狭い範囲におさまっています。このpHが下がりすぎると、人は頭痛・低血圧・疲労感などを感じることがあります。では、アルカリ側がいいのかと言えば、こちらにはアルカローシスという症状があり、しびれ・痙攣・吐き気といった体調不良が現れることがあります。ちょうどいいpHにあることは、人にも牛にも健康レベルの維持管理に相当に重要な意味があるようです。

●ルーメンアシドーシス

　血液などのpH変動幅は非常に僅かではあっても、ルーメン内でのpHの変動幅は小さくありません。そこは巨大な発酵槽と言われるだけあって、膨大な微生物が住みついています。それらの微生物は乳牛の摂取したエサを養分として増殖していますが、その際に酢酸・酪酸・プロピオン酸といった揮発性脂肪酸（VFA）を排出します。この

VFA は微生物にとっては排出物ながら、これが乳牛の肝臓へと運び込まれるとグルコースなどに変換され、貴重なエネルギー源となります。また、乳脂肪分を合成する主要な原材料でもあります。ところが VFA は酸性物質であるため、あまりに増えすぎたり、そのバランスを崩すと、ルーメン内の pH は正常範囲を逸脱するほどまで低下します。これがルーメンアシドーシスといわれる状態です。通常であれば、ルーメン内へと流れ込こむ中和作用にある大量の唾液が緩和したり、発生した酸をルーメン壁が吸収あるいは第四胃へと次々と流し出すため、少々のルーメン内 pH の変動はあるにせよ、それほど低下しすぎることなくコントロールされています。

　概ねルーメン pH 5.8 以上が常時確保されていれば理想ですが、給飼されるエサの中身や採食量、そして反芻などによって変動しています。特にお腹をすかせた牛が一気に配合を食べると急激に pH が低下すると「急性（乳酸）アシドーシス」に陥って明確な臨床症状を示すことがあります。しかし大半のルーメンアシドーシスは、短時間にやや pH が下がるといった「亜急性ルーメンアシドーシス（SARA）」と呼ばれるものです。ルーメン pH5.8 以下となる時間が 1 日 5 時間以上もあると、SARA による乳牛へのダメージも懸念されます。低めの pH は、ルーメン微生物の主役であるセンイ分解能力を有する微生物が苦手とする環境であるため、結果としてセンイ消化率を低下させることになります。すると乳牛は採食量を落とし、反芻活動も弱まります。これが必要なエネルギーを与えていても BCS が低くなる、日々の採食量が不安定化する、乳脂率が低下する等といった弊害をもたらします。

●予防とモニター

　ホルスタイン種の品種改良が進められるにつれて、彼女らが必要とするエネルギー量は増加の一途にあります。雑草や刈り遅れの牧草、あるいは採食量そのものが不足しているとセンイ分からのエネルギー供給が制約されますから、高産乳牛のエネルギーを充足させるにはデンプンなどに大きく依存せざるを得なくなります。このことは飼料コストの上昇を招くばかりでなく、センイ不足によるルーメン内 pH の中和作用を脆弱化（ぜいじゃく）させ、さらにデンプンを栄養源とするタイプのルーメン微生物は pH をより低下させやすい VFA を排出するため、ルーメンアシドーシスのリスクは高まります。

　草食動物である乳牛の健康の維持には、やはりエネルギー源をなるべくセンイ分に求めていくことが基本となります。そのため高い嗜好性とともにエネルギーを供給しやすい基礎飼料を十分に用意し、乳牛のお腹を満たしてやることがルーメンアシドーシスの予防策となります。

　目の前の乳牛がルーメンアシドーシスの状態であるか否か？ 特に目立った症状がない場合、これを簡単に見分けるのは難しいでしょう。ルーメン pH を測定するために牛のお腹に穴（フィステル）を開けるわけにもいきませんし、残念ながら実用の耐え得るルーメン pH センサーもまだ用意されていないようです。つまり現在のところ、目の前の乳牛が SARA（亜急性ルーメンアシドーシス）であるか否かは簡単には分かりません。SARA によって受けたダメージは、やや時間差をもって BCS の低下や軟便、受胎率の低下や蹄葉炎などにじわじわと表れてくることが大半となっています。NDS などの飼料設計ソフトでは、設計した給飼内容にどれほど SARA のリスクがあるかをかなり正確に推定してくれますから、参考にされるといいでしょう。

●アシドーシスは他にも……

　乳牛にとってアシドーシスは、搾乳牛のルーメンの中ばかりではありません。

　まず、生まれたばかりの子牛にもアシドーシスがあります。分娩の際、大半の子牛は一時的に酸欠状態に陥り、血中の二酸化炭素の濃度が高まります。これが血中の pH を下げ、呼吸性のアシドーシスを起こすことになります。同時に胎児が体外へと出る際に受ける強烈なストレスは、体内に乳酸を蓄積させるので、代謝性アシドーシスも受けやすい状態となります。こうした強烈なアシドーシスは、時に子牛を死へと至らしめます。鼻についた粘膜があれば速やかに取り去り、呼吸を確保してやることが重度のアシドーシス予防となります。

　次に、離乳の頃の子牛にもアシドーシスのリスクがあります。徐々にスタータを食べるようになった子牛が適度なセンイを摂取していないと唾液による中和作用が不十分となり、アシドーシスが懸念されます。まだ小さなルーメンしか持たない子牛が 1 〜 2kg のスタータでアシドーシスとならないよう、水とともにつまみ食いしやすいような柔らかい乾草を与えておくことが必要でしょう。

　さらに、乳牛はルーメンのみならず、大腸でもアシドーシスが起きることがあります。飼料中の有効センイに対して穀類比率が高すぎると未消化のデンプンが

大腸へと流れ込み、大腸内で生育する微生物がこれを発酵させます。これが時に大腸内のpHを激烈に下げ、腸粘膜を傷つけます（リーキーガット）。糞が泡立ったり、粘々としたムチン[※12]が混ざっているようであれば、大腸アシドーシスを疑ってみる必要があるでしょう。腸粘膜に損傷を起こすとエンドトキシン[※13]（LPS[※14]）が体内に吸収され、子宮内膜上皮で炎症を起こさせたり、黄体を退行させづらくするため、繁殖性が低下します。さらにはコルチゾール[※15]が高まることで免疫力が低下し、乳房炎などに罹患するリスクが高まります。大腸アシドーシスによるLPSが牛体に与えているダメージは決して過小評価できません。

●乳牛の高い健康レベルを維持する

　乳牛の資産価値を失ってしまう3大要因は、乳房炎、繁殖障害、そして蹄病です。その一方、周産期に乳牛の健康レベルを貶（おとし）めやすいのが、ケトーシスやアシドーシス、それに子宮炎と乳房炎です。これらの疾病や不健康状態は、これまで解説してきたように、お互いに深く関連しています。このことは健康レベルを落としやすい周産期に、的確な一手を早めに打つことで負の連鎖を未然に防ぎ、乳期全体を高いレベルでコントロールできるチャンスがあることを意味します。

　乳牛の健康レベルを維持しつつ、長命性と生産性を向上させるためには、良質な基礎飼料で腹を満たし、カウコンフォートを高める地道な管理を積み重ね、そして価値ある早めの処置を取り入れていくことが一層求められていくでしょう。

《参考》乳牛の移行期の栄養管理と繁殖（日獣会誌66、2013、鈴木保宣）

※1 ケトン体：アセト酢酸、βハイドロキシ酪酸（BHBA）、アセトンの総称。
※2 肝機能と繁殖：脂肪肝などによる肝機能の低下は、黄体ホルモンなどステロイドホルモンの前駆物質の供給が不十分とし、卵巣に働きかけるIGF1の合成が阻害され、糖新生が不足し、解毒作用が低下するといった繁殖機能へのダメージとなっている。
※3 NEFA：遊離脂肪酸。体内で蓄えた中性脂肪を血液で輸送するために分解された物質。
※4 胎盤性ラクトジェン
※5 活性酸素：空気中の酸素は安定しているが、活性させた酸素は酸化作用（相手の電子を奪う）が強い。このため増えすぎたり、制御が効かなくなると正常な細胞まで機能を損なってしまうことになる。
※6 サイトカイン：生体内で免疫や生体防御、炎症やアレルギー等に直接あるいは間接的に関与。サイトインは細胞から、ホルモンは臓器から分泌されるというのが一つの分類。
※7 TNFα：代表的な炎症性サイトカイン。
※8 ビタミンE：抗酸化作用があり、免疫低下を抑制する。血中ビタミンE濃度が0.2μg／ml以下となると好中球細胞内の殺菌活性（免疫作用）が大きく低下しやすい。ガイドラインのひとつとして乾乳前期1000IU、後期4000IU、泌乳期2000IU。
※9 非ステロイド系炎症剤：NSAID。ステロイド薬以外で消炎・鎮痛・解熱作用を持つ薬の総称。消炎鎮痛薬とも呼ばれる。アスピリンやジクロフェナクナトリウムなど。
※10 サイレージ中の酪酸：未検出が基本。0.3%超はNG。
※11 サンケトペーパー：乳汁中のケトン体測定用試験紙。乳汁に2秒ほど浸し、色で判定する。
※12 ムチン：腸などの表面はヌルヌルした粘液に覆われて保護されている。このヌルヌルの主成分がムチンと呼ばれるタンパク質。これが剥がれ落ちるとエンドトキシンが体内に入り込みやすくなる。
※13 エンドトキシン：内毒素。細菌の菌体中にある毒性物質で、（大腸菌などグラム陰性）菌が死ぬことによって遊離してくる。
※14 LPS：グラム陰性細菌の外膜成分に存在するエンドトキシンの本体。リポ多糖。
※15：コルチゾール：副腎皮質から分泌されるホルモン。糖やタンパクの代謝にも関与する。過度なストレスを受けると分泌量が増加する。

PART 4

乳牛たちに
デリシャス&ヘルシー・フード

センイとエネルギー

「粗」とは、いいかげんさ（粗雑など）や謙遜（粗品など）を表す言葉ですが、粗飼料の粗は、あらっぽさ（粗豪さ）を表現しているのでしょうか。でも現在の乳牛に粗豪なセンイを大量に含むエサを給与していては、まともな生産性は確保できません。

センイとデンプン。この2つは全く異質なもののように思えますが、バラバラにすればどちらも同じブドウ糖です。人間はデンプンをバラバラにできる消化酵素を体内で分泌できるので、コメやパンなどを見ると食欲を感じます。しかし残念ながらセンイを消化する力はないので、出穂期（しゅっすい）の牧草を見ても食欲を感じることはありません。

牛や馬とてセンイをバラバラできるような消化酵素は持ち合わせませんが、ルーメンや大腸に膨大な数のセンイ分解菌と共存することでエネルギーを獲得する仕組みを作り上げています。乳牛が摂取したセンイ分は、このセンイ分解菌が時間をかけて発酵させ、同時にその微生物から排出される酢酸や酪酸等（揮発性脂肪酸）を乳牛はルーメンから吸収し、エネルギー源とします。

乳牛にエネルギー源を供給するセンイ分解菌は、もちろんセンイなら何でもよいというわけではありません。粗豪なセンイが相手となるとなかなか歯が立たず、またそうしたセンイは乳牛も食べるのに手間取り、採食量を落としがちです。これでは十分なエネルギーの獲得はままなりません。対して、適期に刈り取り、適度な長さにカットされたセンイであれば乳牛は食べやすく、ルーメン微生物も分解しやすいことから、乳牛は多くのエネルギーを獲得しやすくなり、購入飼料への依存度を減らすことができます。センイ分をどれほど乳牛が食い込めるか、そしてそこからどれほどエネルギーが獲得でき

るかは、乳牛の栄養管理をコントロールしていく上での大きな肝となっています。

　飼料中のセンイ含量は分析値では NDF や ADF などで示されていますが、NDF とは飼料を中性洗剤で洗い流した残りです。いわば洗剤でタンパク質や脂分などを洗い落とした後の洗濯物のようなものです。でも実際には洗濯物の汚れが完全に落ちたわけではなく、センイ分以外の成分が含まれています。分析手法が向上し、NDF の中に残っている NDICP（中性デタージェント不溶タンパク質）などを除去したものを aNDF、さらに aNDF 中の無機物を取り除いたものを aNDFom としています。次々といろいろな標記が増え、なかなか面倒ですが、大雑把には、NDF － NDICP ≒ aNDF となり、aNDF と aNDFom はほぼ同じです（その差が大きければ飼料中に土砂が混入したかもしれません）。

　洗剤の代わりに酵素を用いた分析ではセンイ分は OCW（細胞壁）として表され、さ

らに高い消化性あるセンイ分は Oa、低消化性は Ob として示され、これは非常に優れた分析手法となっています。

　ルーメン内微生物にとって、センイは消化しやすいものとほぼ無理なものまで幅があります。ヘミセルロースは抜群に良く、セルロースはぼちぼち、リグニンは無理、といったところですが、ルーメン内でのセンイの消化スピードをより正確に推定できれば、飼料設計の精度も向上させられます。そこで現在の分析値には時間の経過別（30・120・240 時間）にセンイの消化率が NDFDom（aNDFom 消化率）で示されるようになりました。こうした情報を飼料設計ソフトで利用することで、乳牛という被写体をとらえる画素数はグンと増すことができるようなってきます。

Components	As Fed	DM
% uNDFom 30hr		41.27
% uNDFom 120hr		29.85
% uNDFom 240hr		22.10
NDFDom 30hr, % of NDF		40.63
NDFDom 120hr, % of NDF		57.05
NDFDom 240hr, % of NDF		68.20
Kd 24, %hr		4.81
Kd 30, %hr		4.43
Kd 48, %hr		2.99

> ちょっとマニアック
> uNDFom 30hr = aNDFom ×（100 － NDFDom 30hr）÷ 100

イネ科植物 vs. 反芻獣

チモシーなど草にとっては乳牛などの草食獣は自分らを食べる存在です。一方的に食べられる草は弱い存在なのでしょうか？

食う・食われるの関係で、食物連鎖の下位に位置する植物は弱者のように思えます。しかし食物連鎖の上位になるほどピラミッドは狭くなり、下位に依存しなければ生きられない宿命を背負うことになります。植物が存在しなければ全ての動物は死に絶えてしまいますが、下位は上位がいなくても生きていけます。植物は必要なエネルギーのみならず、ビタミンやアミノ酸などを自らの力で作りだす能力が備わっています。最上位に位置する人間は、ある意味最も危うい生存基盤の上にあるため、それを安定させようと農業を行うようになったのでしょう。

食べられる存在である植物は、その身を守るため、様々な工夫を重ねてきました。そのひとつは毒成分（アルカロイド）を持つことでした。アルカロイドの種類は 2000 種以上もあるそうですが、植物に含まれる有害物質を食べることで動物は命のリスクにさらされることがあります。動物はこの危険を認識する手段として味覚を手に入れ、口に入ると苦みや辛味などを感知することとしました。さらに毒成分を無毒化する機能まで体内（肝臓）に装備するようにもなりましたし、人間はアルカロイドの一部を嗜好品や医薬品としても利用しています（カフェインやモルヒネなど）。

植物は食べられないように、もっと次々と強力で多様な毒成分を作って対抗すればいいようにも思えますが、このアルカロイドという物質は窒素化合物です。窒素は植物にとって土壌から得られる貴重品ですから、本来はタンパク質の製造に向けられるべきも

のです。それに、せっかく光合成で作ったエネルギーを毒性成分の製造に多く割いてしまうわけにはいかなかったのかもしれません。

　草原は草にとって生きる場所ではありますが、草食獣にはエサ場です。そこで特にイネ科植物が身を守るために選んだ手段は、その身を硬くすることでした。生育段階で早くに食べづらく、容易に消化できないセンイ分を作り上げた植物は生き延びることに成功し、テリトリーを広げることができました。ススキなどはその好例でしょう。

　また普通の植物は成長点をその茎の先端に置き、新しい細胞を作り上げながら成長していきます。成長しやすさでは有利なのですが、草食獣が植物の柔らかいセンイ分の多い先端を食べてしまうと成長ができなくなってしまします。そこでイネ科植物の中にはチモシーのように茎の先端に成長点を残すものの、できるだけ低い場所に成長点を置くようにしました。これによって食べられても再生がしやすくなるという利点を得ました。

　イネ科植物は光合成の場でもある葉の身を硬くし、そこに蓄積する養分を少なくすることで草食獣にはエサとして魅力のないものとしてきましたが、この消化しづらいセンイを何とか利用しなければ草食獣も生きていけません。そこでたどり着いたのは微生物との共生でした。時間はかかるものの、センイを分解できる力のあるバクテリアを体内に住まわせ、バクテリアから発せられる酸をエネルギー源としたり、また増殖したバクテリアを消化することで栄養源を獲得する術を得ました。牛や羊などは胃袋の前に専用の発酵槽作り、同時に反芻を行うことで消化率を上げることにしました。

　草食獣は、栄養価が高くはない草を摂取している割に押しなべて体が大きい動物となっています。それは発酵するのに手間がかかるセンイを長時間体内に留めなければならないことから発酵場所である前胃や盲腸は特別な大きさが求められ、それに伴って大きな体が必要となったと推測されています。

植物の体と肥料

主な肥料成分と言えば窒素（N）・リン酸（P）・カリ（K）ですが、水分を除くと牧草など植物体の中にこれら3成分は全部合わせても5％もありません。それなのに何故、肥料分はN・P・Kが重視されるのでしょう？

圃場に作物や牧草を栽培して収穫すれば吸収された養分は土壌から失われますから、再び必要な養分を堆肥や肥料などで補ってやる必要があります。特に収量や味覚などが人為的に改良された農作物となると、土壌養分の減少は少なくはありません。

植物の体は、その多くがセンイ分です。センイは炭水化物ですから、その成分は炭素（C）と酸素（O）、そして水素（H）です。植物の体はセンイ以外にもこの3つの成分が多いことから、植物の体は90％以上がC・H・Oとなります。ほとんどC・H・Oであるならば、植物はこれらを外部から取り込まなければ生育できません。ところが幸いなことにCやOは空気中の二酸化炭素（CO_2）に、Hは水（H_2O）にふんだんありますから、通常の環境下で光合成をしていれば欠乏することはありません。

植物の体の中では多くはないとはいえ、不足しやすいのはやはりN・P・Kとなります。
まず窒素（N）は空気中には無尽蔵にありますが、一般的な土壌に含まれるNはわずか0.1％しかありません。チモシーなどイネ科牧草などは土壌中からNを吸い上げなければなりませんが、堆肥や窒素肥料をふっていない土地ではNが制限要素となって生育を妨げてしまいます。その点、マメ科の植物（豆、ルーサン、クローバなど）は根っこで根粒菌と共生することでNを取り込む仕組みをもっています。タンパク質に欠かせない成分がこのNですから、マメ科はイネ科よりもずっと高タンパクとなりま

す。この根粒菌が通常の環境下で空気中のNを固定する技術は、いまだ人もマネできません。代わりに大量の燃料を使用し、高温高圧な状態から空気中のNを固定する手法（ハーバー・ボッシュ法）が1906年に開発され、それ以降、N源を化学肥料として利用できるようになり、農産物の生産量は飛躍的に伸びることとなりました。

　リン（P）は植物の体にも0.2〜0.3%ほどしかありませんが、土壌中のPはごく少量（0.1%未満）です。さらに大半のリンは土壌中にしっかりと固定されていて、植物が利用できるPはわずか1〜2割ほどです。N同様、施肥してやらなければ欠乏しやすい成分となっています。

　PはNやKのように過剰に施肥しても特に支障はありませんが、肥料分としては高価です。北海道の草地の過半数は土壌中のPが過剰となっていることから、土壌分析の結果に応じて施肥をすれば肥料代を節減することができます。

　土壌中のKは、植物の根っこが吸い上げるのが得意な成分です。K含量の高いグラスは乾乳牛のエサとしては何かと厄介ではありますが、植物に吸い上げられたKは尿や肥料で適度に補充してやらないとK欠乏を起こすこともあります。

　この他、牧草の生育に調整が必要な成分としてカルシウム（Ca）やマグネシウム（Mg）が挙げられますが、タンカルや苦土タンカルなどを施肥することによって植物が育ちやすい環境を整えることができます。

　かつてN・P・Kなどといった肥料の知識がなかった江戸時代から、人々は肥料として下肥や灰、そして干鰯（イワシを乾燥させた後に固めて作った肥料）や〆粕（ニシンの搾り粕）などを利用しては農業生産力を高めていました。幕末から明治にかけて日本

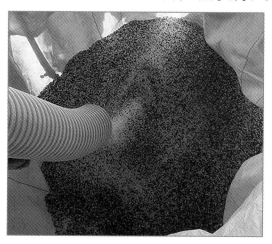

が植民地にならずに済んだのは、こうした高い農業生産技術があったことも一因であった……かもしれません。

リンを大切に

　明治以降、日本の人口が増加したひとつの要因に、海外からリン（P）が輸入された
ことも挙げられるでしょう。

　人の体の半分以上は水分（H_2O）ですから、
水素（H）と酸素（O）がその成分となります。
次に多いのは脂肪分やタンパク質ですが、タン
パク質はアミノ酸の集合体ですから、炭素（C）・
水素（H）・酸素（O）・窒素（N）・硫黄（S）
などで構成されています。タンパク質とほぼ同
量の（個体レベルでは大きく上回って）脂質が

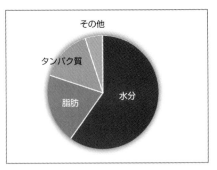

ありますが、これもほぼ C・H・O で成り立っています。

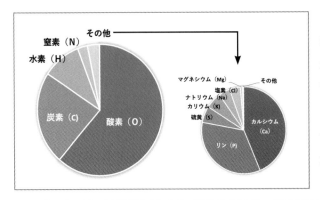

　こうしたことから体の
97％は酸素（O）・炭素（C）・
水素（H）・窒素（N）から
できていて、残り 3％もカル
シウム（Ca）・リン（P）が
その大半を占めていることが
分かります[※]。

　これらの元素のうち上位 4
つの O・C・H・N は空気や水の成分ですから、基本的に枯渇の心配はありません。ま
た Ca も日本国内に石灰岩などとして豊富にあります。ところがリンについては事情が
かなり違い、そのほとんどを海外に依存することになります。

　人も牛も、その体のほぼ 1％はリンの重さですから、60kg の人なら約 600g、
700kg の牛なら約 7kg ものリンが体の中にあります（その大半は骨に含まれていま
す）。それだけでもかなりの量ですが、リンは体内で代謝していますから、1 日 1 人が

生きるのにほぼ 1g のリンの摂取が必要とされます。搾乳牛では吸収率を考慮すると 1 日 50g 以上のリンが必要となります。

　もともと日本国内にはリンは限られた量しかありませんでした。ですから体から排出される糞尿に含まれているリンの資源は、窒素（N）とともに循環させながら大切に使われてきました。それでも糞尿に含まれるリンは 1 人 1 週間で 10g にもなりませんから、明治の時代を迎えるまでリンは国内の人口増加の制限要因でもありました。食料や飼料、さらに肥料などを通じてリンが輸入されるようになったことは、日本に大きな変化をもたらせたようです。

　施肥をしていない土壌中に含まれるリンは 0.1% 未満です。これでは作物が生育できる養分を得づらいので、窒素（N）やカリ（K）とともに人が調整しなければ農業を成り立たすことはできません。
　リンはリン鉱石から産出されていますが、このリン鉱石は世界の中で偏在しています。中国・米国・モロッコ・インド・ロシアといった数少ない輸出国だけで世界の輸出量の大半を占めています。リン資源の経済的な埋蔵量は不確かながら 700 億トンほどと推測されていますが、鉱石には有害な不純物（カドミウムやウランなど）が含まれることがあり、安全でないリン資源は使えないことになります。このためリン含量の高い品質の良いリン鉱石から徐々に枯渇が始まっており、特に中国ではもともとリンの含有率の低いながらも世界最大の採掘を続けた結果、品質低下が顕著になっています。
　日本は世界の中でトップクラスの輸入国です。調達先も広げているようですが、輸出国が限られていますから、良質のリン鉱石を海外で確保することが次第に困難となってくることは避けがたい事実でしょう。

　ミネラル分であるリンが世の中から消失することはありませんが、汚泥処理によりリサイクルされず海へと流出したリンを再利用する技術は現在ありません。家畜糞尿や施肥によって土壌に還元されたリンは食糧や牧草などを通じて利用されていますが、深耕することで根の届かない深さに移動したリンは利用されることはなく、その一部は雨水とともに流出していきます。リン資源が枯渇するとなると食糧生産に多大なインパクトをもたらしかねませんから、リサイクル技術とともに植物が利用できない土壌中の固定されたリンをコントロールする農業技術、圃場管理も重要となってくるでしょう。

※ 豊かさの栄養学③ 最新ミネラル読本（新潮文庫／丸元淑生・丸元康生著）

北海道米とチモシー

　全国的にも評判の高い北海道産のおコメ。ところが平成10年頃まで地元の北海道民が食べていたコメの道内産の比率は4割に過ぎませんでした。生産量は全国一であっても、その評価は低く、ブレンド米としての利用が大半でした。

　北海道に入植した開拓民にとってコメを作ることは悲願でした。先人たちが幾度もの失敗を繰り返しながら、寒冷地に適合した品種が選抜され、1920年頃からようよう生産量が軌道に乗り始め、1961年にはついに生産量は日本一となりました。しかしコメが余剰となる時代を迎え、銘柄米として最低ランクの評価を受けていた北海道米は、栽培面積を大幅に減らすことになりました。

　北海道産のコメづくりへの危機意識が高まったことから1980年に「優良米早期開発プロジェクト」が始まり、上川農業試験場では数多くの品種の組み合わせの交配試験を行いました。試行錯誤の結果、1988年に「きらら397」が誕生しましたが、北海道産で味が誇れるコメの登場は当時としては大変に衝撃的でした。さらにその後「ななつぼし」や「ふっくりんこ」「ゆめぴりか」といった品種が次々と生まれ、2011年には食味ランキング最高位「特A」受賞。2013年に北海道米の北海道内食率9割を達成しました。

　こうした評判の高い北海道米の登場は、同時の北海道に大きな経済効果をもたらせました。かつて北海道民が都府県のお米を大量に購入していたということは、莫大なお金

が毎年道内から流出していたことになりますが、今や道内でのお金の循環を促しているばかりでなく、都府県からのお金の流入にも貢献していることになります。

　では、北海道の牧草はどんなプロセスを歩んできたのでしょうか。

　北海道の開拓は馬（農耕馬や軍用馬）でしたから、放牧地で重宝されたのはミヤコザサでした。ごく一部では牧草の導入・栽培が行われたものの、敗戦の頃までは、道東や道北ではまだまだ自然の野草が主畜経営にとっては重要な飼料資源であり、極度に不足する年にはこれが異常な高値で取引されることもあったようです。本格的な草地改良造成は、酪農振興法（1954 年）に基づく一環として草地改良用の機械が数多く導入されたことが強い後押しとなりました。そして各地域の 5 ～ 9 月の積算温度によって採草地や放牧地に適した草種選定が選定され、乳牛に与えられる自給飼料は大幅に改善されていきました。

　最初の頃はアカクローバが飼料や緑肥作物として重視されていましたが、1975 年頃からチモシーの特長が広く受け入れられ、イネ科の牧草としてはオーチャードグラスを引き離して大きなシェアを占めるようになりました。また当初は早生（わせ）のチモシーが主流であったことから刈り遅れによる品質低下が大きな課題となっていましたが、極早生や中生（なかて）、晩生（おくて）も多く作出されるようになりました。そして安定多収や早刈適性、耐病性といった点に改良がなされ、現在のチモシーに至りましたが、残念ながら美味しさという点の改良はやや置き去りにされてきたようです。

　牧草の美味しさが向上すれば乳牛の採食量は増し、エネルギーなどの供給が強化されます。また乳牛が泣いて喜ぶような乳酸発酵したグラスサイレージの調製には、詰め込み作業が終了した時点で乳酸菌のエサとなる WSC（水溶性炭水化物）が牧草に十分に含まれているかも大きなポイントとなっていますが、現在のチモシーを最適時期に収穫できれば何とかこれがクリアできるかもしれません。将来、もっと美味しいチモシーが原材料として草地から得やすくなれば、サイレージ調製は現在よりも数段行いやすくなるでしょう。

　乳牛の遺伝改良が進むにつれ、基礎飼料の嗜好性や栄養価の更なる向上が強く求められるようになりました。チモシー版の「ゆめぴりか」の登場が強く望まれますし、他の草種としてペレニアルライグラスも、その高い嗜好性や栄養価は非常に魅力的ですから、越冬性を高める品種改良に大いに期待したいところです。また晩生のオーチャードグラスであれば 1 番のチモシーより前に収穫することで嗜好性や栄養価が十分に確保できます。

　いつか乳牛から「特 A」の評価を得られるような基礎飼料を圃場から大量に得たいものです。

草地ナビゲーター

　北海道内で数多く行われている植生調査によると、草地面積のほぼ半分を占めているのが「雑草と裸地」です。また、管理する人によって植生の良し悪しに差がみられやすいのもひとつの傾向のようです。

　自給飼料の栄養価や嗜好性が低下してくると、産乳性や収益性が低下してきます。すると草地管理にまわせる資金が不足しがちとなり、植生はますます悪化するという負のスパイラルに陥りやすくなります。

　簡易を含めて草地の更新には少なからぬ費用がかかります。それに一時的には得られる収量も減ってしまいます。自分が管理する草地の植生、それぞれの圃場の地形や土質に応じて具体的にどのようにコントロールしていくのが適当であるか、経営的要素を含めての判断となると、最適な答えは簡単には見いだしづらいかもしれません。

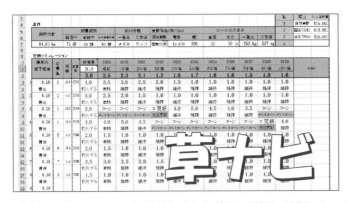

　草地更新はコストに見合った効果が得られるか、また必要とする草の収量は確保できるかといった事前の確認が必要となります。こうした課題に一定の指針を示してくれるのが、試験場や普及センターなどが作成した草地の管理・更新シミュレーション・ソフトです。ここでは一例として、釧路農業改良普及センターで作成された「草ナビ」を紹介しましょう。エクセルを用いて作られていますが、使い方はシンプルで、諸条件（飼養頭数や収穫形態、更新にかかる経費など）と管理する各圃場の面積や現状の植生を設定した後、各圃場をいつ更新するかを指定してみます。すると毎年確保できる原物量や得られるラップ個数などが予測でき、また更新にかかる費用もグラフで確認することができます。このファイルの大きな特徴は、各圃場の詳しい植生調査のデータは必要とせず、簡

易に草地の評価を5段階評価としているところです。牧草割合に応じて5（80％以上）、4（70〜50％）、3（50〜30％）、2（20〜10％）、1（10％以下）とし、植生の経年変化を算出根拠に毎年の圃場の植生や収量を試算しています。シンプルながら現実にかなり近似した結果が得られ、また比較的平易なファイルですから、自分が使い勝手の良いように変えることも可能でしょう。

　地域の生産者の方々に集まってもらい、この「草ナビ」を利用して草地の植生改善について協議を重ね、徐々に自給飼料の質を高めたことで地域全体の収益性を押し上げた実例もあります。その過程で特に参集者に刺激になったのは、地域で優れた草地管理をされている方の事例を皆で情報共有できたことでした。それに自分の草地の現状と今後の見通しを「見える化」したことも大きなメリットとなったようです。

　地域の植生改善を推し進めるため、数多くの草地をくまなく回り、どんな草種が何％を占めているのかを詳しく調査する取り組みもありますが、大切なのは植生調査そのものではなく、経営に貢献する圃場管理の道筋を描いていくことです。あまり調査に手間をかけてしまうと、データを取りまとめたこと自体に満足していまいかねません。

　地域の自給飼料のレベルアップを強力に推し進められる最適な関係機関はJAでしょう。JAには圃場データが蓄積されているだけでなく、各農場の背景や経営主の好み、放牧の取り組み状況、地域の特性、共同で利用できる機械や対応できるコントラ作業、利用可能な事業などといった貴重な情報が揃っています。これを活かさない手はありません。ところが「コントラ関係はA氏、肥料や種子は資材課のB氏、事業関連は営農のC氏、経営相談はD氏、技術関連は……」といった具合に相談先や担当者が分かれていると統括的に事業を押し進めづらくなりがちです。草地への依存度が高い地域ではJA内に草地ナビゲーター（草地コンシェルジュ）的な役割を果たせる人材の存在が重要となります。生産者とともに植生改善への具体的な道筋を、経営面を含めて描きやすくもなるでしょう。そして「あの草地は雑草がひどいのでAさんに委託してコーンを2〜3年連作してから草地に戻した方が得策」「この圃場は湿地なので更新よりもリードを早刈りしていった方が現実的」といったような方策も分かりやすく示され、その成果は地域に特大の結果をもたらすことが期待されます。

チモシー再生①

　冷涼な気候でも生育が良く、1番草の収量が確保しやすい、なおかつ乳牛の嗜好性も良いチモシー。北海道で広く栽培されるようになったのは、こうした大きな魅力があるからでしょう。

　多くの利点のあるチモシーですが、残念ながら弱点もあります。特にウィークポイントとなりやすいのは、他の草との競合力に強くないこと、そして刈り取られた後の再生が緩慢であることです。

　もともと草地は限られた光・養分・水分を巡って植物同士が激しくサバイバル合戦を繰り広げている場所です。他の草に負けないように大きく葉を広げたり、上へ上へと伸びて多くの太陽光を受けとめようとしています。そして獲得した光エネルギーを利用して光合成を行い、そこから得られたエネルギーと根から吸い上げた養分とで自分の体を作り、さらに次世代につなぐために種子を作っています。草地の管理者としては、競争力や再生力の決して強くないチモシーが生育しやすい環境を人為的にコントロールし、自然な草地では得られないような自給飼料を作っていく必要があります。

　人や牛に都合の悪い草は雑草と呼ばれますが、こうした草もチモシーなどの牧草が優占する肥料分の豊富な草地へと何とかテリトリーを広げようと常に隙を狙っています。特に1番草を収穫した後、再びチモシーの緑色が草地を覆うまでには時間を要しますから、その間に他の雑草に先に葉を広げられると太陽光を奪われ、非常に不利な状況となってしまいます。

　刈り取り後のチモシーの再生について確認しておきましょう。チモシーの根っこはラッキョウのような形をした球茎（写真）で、ここに養分が貯蔵されています。刈り取られた後のチモシーは、この球茎の養分をもとに再生しますが、

オーチャードグラスのように刈り取った茎から再生するのではなく、地際に側枝を作り（これを分蘖といいます）、自らと同じ遺伝子を持つ子（クローン）によって再生します。

　ところが収穫時にチモシーを短く刈り取ってしまうと、球茎から水分が蒸散してしまい、再生しづらくなってしまいます。1番草を刈り取った直後の草地があたかもゴルフ場のフェアウェーのような状態は、チモシー再生には適切ではありません。必要な刈り取り高を確保すると収量は幾分減りますが、それ以上に次のメリットがあります。

✓ 刈取後の再生が速くなり、雑草に負けにくい。
✓ 再生草の茎数が多く出る（次年に増収）。
✓ 干ばつによる再生不良を低減できる。
✓ 収穫時、土砂などの混入が減る。
✓ 刈取後の草の水分調整がしやすい。
✓ 収穫した牧草の栄養価や消化率がやや上がる。

　7〜10cmの高さでチモシーを刈り取ることを"高刈り"と呼んでいますが、チモシーの再生を考慮すると5cm以下で刈り取られるのは標準ではなく、むしろ"超・低刈り"

と呼んだほうが適当でしょう。草刈り取り機（モーア）の刈り取り高の初期設定に配慮があってもいいところですが、チモシーは世界的には意外とマイナーな牧草です。ですから欧米から導入された機械の刈り取り高については、チモシーのことは、さして考慮されていなかったのかもしれません。

　現在の草地は、地下に根を張り巡らすシバムギやリードカナリーグラスといった屈強なライバルが幅を利かす時代となり、短く刈り取られてしまったチモシーは再生時になお一層不利な状況におかれることになります。せっかく更新しても植生が長持ちしない原因がチモシーの低刈りであれば、打つ手は至極簡単となります。

チモシー再生②

　牧草の生育に養分は欠かせませんが、生育ステージに応じてタイミングよく施肥すると、収量や植生維持にかなり好影響を与えます。

　無事に越冬したチモシーは、春先に芽を出す萌芽期（ほうが）の後、穂の赤ちゃんである幼穂（ようすい）を体の中に形作ります。人が成長期に多くのタンパク質を必要とするのと同じように、萌芽から幼穂形成期の際にチモシーは窒素源を必要とするため、これを旺盛に土壌から吸収しようとします。十分な窒素を確保できたチモシーは、穂をつける茎である出穂茎（あるいは有穂茎）（しゅっすい）を大きく生育させることができますから、結果的に1番草の収量増加へとつながります。また出穂茎に対して穂をつけない茎もありますが、こちらは葉をつけて光合成を行って草全体に養分

を供給しますから栄養茎（あるいは無穂茎）と呼ばれます。こちらは出穂茎と比べると重量は少なめです。

　チモシーは幼穂を作ってからその穂が出る（出穂期）までの期間はわずか1カ月そこそこですから、時間軸が人とは大幅に違います。早春施肥のタイミングが遅くなってしまうと、たとえ同じ施肥量であっても出穂茎や栄養茎の生育は停滞しがちとなり、1番草の収量は1～3割も減少してきます。

　肥効が早いスラリーは窒素の供給源としては有効ですが、窒素含量はものによって差があり、また一度に大量に散布すると草が徒長し、軟弱になってしまうこともあります。それに一般的にカリ含量が高いため、大量散布した草地の草は乾乳牛に給与しづらいも

のになってしまいます。スラリーは 5 月中旬までに程よい量（1 ～ 2 t ／ 10a）を散布するのがひとつの目安となり、散布が遅くなると窒素肥料の効果が低下するばかりか草の中の硝酸態窒素が高まり、時にスラリーが牧草に付着したまま 1 番草が収穫されてサイレージの品質低下につながります。

排水不良となりやすい草地は春先になかなか機械が入れないことから、どうしてもスラリー散布が遅れがちです。明渠やサブソイラーなどで排水を改善しておくことは、植生維持に有効ですし土壌微生物に活力を与えます。そしてタイミングの良い施肥を可能とするといったメリットがあります。

　1 番草が刈り取られてから約 10 日間、チモシーは球茎の貯蔵養分に依存して再生しますが、それ以降は土壌中の肥料栄養分を吸収して生育します。やはりこのタイミングで土壌中に養分が供給されていると根から養分を活発に吸収できることからチモシーが再生しやすくなります。それにチモシーの分蘖の形成は、春先よりも収穫された後の方がはるかに活発です。つまり 1 番草刈り取り後の速やかな追肥は、植生の維持にも高い効果をもたらすことになります。中には 2 番牧草はそれほど必要ないといった事情の方もみえるでしょうが、チモシーの再生を促す施肥によって雑草が侵入しづらくなり、また来年の 1 番牧草の収量も確保しやすいメリットがあります。

　1 番牧草の収穫は 1 年間の生産性を左右する大切な作業で、無事に終えたあとはちょっと一息つきたいところですが、収穫された後の牧草の再生をスムースに促し、雑草の侵入を抑えるためには収穫と追肥はセットととらえておいた方が良いでしょう。

土壌アシドーシス

アジサイの花は青色を思い浮かべるでしょうか、それともピンク色でしょうか。色の違いは品種の違いかと思っていたら、青いアジサイが咲く所は酸性土壌だそうです。リトマス試験紙は青が赤になれば酸性なのでアジサイとは逆ですが……。

牧草にとって土壌pHは「湯加減」のようなものです。ぬる過ぎず、熱過ぎない状態を整えると、リン酸などの土壌中の養分の効きも良くなり、成長が促されます。一般的には草地のpHは5.5〜6.5（弱酸性）が適正とされています。もともと牧草の原産地域はアルカリ

土壌ですから、酸性になりがちな日本の土壌で生育されるには人為的な管理が必要となります。道内の約6,000の草地の土壌分析を集計したところ、この範囲に収まっている草地は8割ほどありますが、5.5と6.5とでは大きな差があります。長年にわたって良好な草地を管理していくためには、6.0〜6.5を維持していくほうが好ましいようです。そうなると全体の草地の4割ほどにまで低下してきます。

草地の土壌は、降雨や牧草による養分吸収などによって酸性化していきます。特に台風など雨の多い年の秋の草地ではカルシウム含量が低下しやすく、これを多く必要とするマメ科牧草はカルシウム分を補充しないままであると減少しやすくなります。また一般的なイネ科主体のグラスサイレージでもカルシウム含量は約0.3〜0.5%ありますから、牧草に吸収されたカルシウム分の散布は必要となります。

炭カルの散布量は土壌の特徴やpHにもよりますが、維持管理で20〜50kg／10aあたりが目安となります。アルカリ分の強い粒状生石灰や消石灰であれば散布量を2〜3割減らすことができますが、その取り扱いには注意したいものです。逆にラ

イムケーキなどでは増量となります。土壌 pH は土に差し込むだけで測定できる機械も安価で売られていますので、時折土壌の湯加減をチェックされてみてはいかがでしょうか。

　土壌分析を行い、マグネシウムが基準（20 ～ 30mg ／ 100g：火山灰土）に達していなければ、炭カルの代わりに苦土炭カルを利用するのが適切でしょう。

　土壌の評価項目には保肥力（CEC・塩基置換容量）があります。これは土壌中の肥料分が雨水などに流れることなく、吸着させられる力を表します。例えてみるなら、土が養分を保持できる手の数のようなものです。土壌 pH の低下は、この手が石灰やカリなどといった養分ではなく、多くの水素と握手しているようなものです。炭カルなどを散布することで発生する水酸化イオン（OH^-）が水素イオン（H^+）と結合して水（H_2O）になり、水素を引き離すことができます。空いた手には、養分の保持が可能となります。

　保肥力の低い土壌では土壌 pH が下がりやすいので、炭カル散布の頻度は 1 ～ 2 年に一度は行いたいところです。逆に保肥力の高い土壌は pH 下がった時には上がりづらい傾向があるので、pH を矯正するには多めの炭カルが必要となります。

　炭カルの散布時期は最終番草の刈り取り後、あるいは早春施肥の約 10 日前となります。そして堆肥やスラリーの散布は、石灰資材の施用後なるべく 10 日ほど空けることになっていますが、その時期にこうした作業時間を確保するのは難しい場合も少なくないでしょう。一度の散布で済ませるため、カルシウム分を含んだ化学肥料もありますので、利用してみるのもひとつの手段となります。

　ルーメンの中と同様、土壌中にも無数の微生物が生息しています。良質な牧草を得るためには、土壌に生息する微生物が快適に過ごせる環境を整えることも大切です。土壌が酸性化してしまうと、そこに生育する微生物叢が変わってくることは推測されます。ルーメンアシドーシスで乳牛が健康を害するように、土壌アシドーシスは牧草にじわっと小さからぬダメージを与えかねません。

土と根っこ

　土の中や微生物といった目には見えないものへの配慮は、後々かなりのメリットを私たちにもたらしてくれるようです。

　畑作農家は圃場で作っているものが明確です。そしてその収量や品質も分かりやすく、収入にも直接的に影響します。ですから作物が生育しやすい土となるようプラウやハローなどを丁寧にかけて、作物の根がしっかりと張りやすいように土壌環境を整えています。

　草も大切な作物です。草地管理には施肥はもちろん、牧草が生育しやすい土壌環境となるよう適時メンテナンス作業を施したいものです。

　草地を走り回るトラクタやハーベスタ、ダンプなどの機械は大型化し、それに伴って土にかかる負重は大きくなっています。その結果、地表から 10 〜 15cm の土中に硬い土の層（硬盤層）ができやすくなります。こうした強固な層があると根は伸びづらくなり、水や空気の通りが悪くなってくることで牧草の生育も悪化しやすくなります。深く根が張りづらいことから牧草が十分な水分を吸い上げづらく、旱ばつにも弱くなります。またその一方では、水はけが悪くなるので多雨に弱い草地となってしまいます。草地が長く滞水することで牧草が枯死してしまうこともあれば、春先に雪が融けても草地がなかなか乾かないので春先の作業も遅れやすくなるでしょう。さらに、酸欠になった土壌微生物はその活動を低下させるので、散布した堆肥の分解も停滞しがちです。

　土壌の硬さは硬度計を用いれば正確に測定できますが、更新して 1 〜 2 年ほどの草地に細長いぼっこ（棒）や指を土に突き刺してみて、その感覚を体で覚えておくのが手っ取り早いかもしれません。

　マメ科の牧草は根を深く張るため、土に柔軟性を持たすことができます。ですからマメ科の牧草比率が低下した牧草地には、アカクローバやシロクローバの追播も土壌硬度を適度に保つには効果的です（アルファルファは残念ながら初期生育が遅いために追播には適しません）。

　土壌に柔軟性を持たすため、サブソイラーなどを用いてエアレーションを行うことは効果的です。草地の様子や収量などから推測すると、更新してから概ね３〜４年後には実施が望まれます。年数が経過した草地であっても牧草比率が高い草地ではエアレーションによる増収効果が期待されます。

　牧草の根っこも役割を終えた古いものは土壌中の微生物によって分解され、新しい根に養分を供給します。茶色くなった根は死んだ根、今まさに働いてくれる根は白くて新しい状態です。古い根が土の中に多く残ったままになっているのは、これを分解する土壌微生物が活発に活動できていない証拠です。試しに硬くなった土壌の草地にショベルをさし、１週間か 10 日ほどしてから同じ場所を見ると、根の様子が変化しているのが分かります。

　右下の写真はシバムギを掘り起こし、土を洗い流した後の根っこの様子です。通常は目にふれない土壌の中で、このようにびっしりと根を張り巡らせ、根こそぎ養分を奪われるのですから、チモシーなどの牧草はたまったものではありません。更新時にはこの根っこにきっちりとダメージを与えなければ、地下茎の雑草はゾンビのように復活してきます。効果的に除草するにはシバムギの草丈（約40cm）を確保し、根っこにも除草剤を行き渡らせるようにします。

スーパー種子

　トウモロコシの種子は、人や家畜にとってエネルギー源などを主とする栄養源となっています。今や世界中で10億トン以上と破格の生産量を誇るトウモロコシは、人類には不可欠な作物となっています。

　植物は種子を手離した時点で次の世代へと命を託します。その種子は親から与えられた栄養（胚乳）をもとに自分の力で芽生え、太陽光を求めて地上に茎を伸ばし、水分や養分を求めて地下に根を伸ばします。

　種子の凄い点は、寒さや乾期など自分にとって苦手な環境を察知し、それをやり過ごすことです。その休眠期間は種子によって何百年、時に千年以上にも及びます。種子の休眠は動物の休眠（冬眠）とも共通するでしょうが、その期間は比べようもありません。土の中でひたすら発芽のチャンスを待ち続ける埋土種子は、畑を耕すことで光や酸素を得て目を覚まします。しかし管理する人にとっては、必要とする作物以外は圃場で生育されては困りますから、様々な手法で除去されることになります。

　種子の中には、自ら光合成ができるまでの"つなぎ"となるエネルギー源が含まれています。また、マメ科の種子にはタンパク質も豊富ですし、ものによっては脂質が多い種子もあります。人や動物がこの栄養源を見逃すはずはありません。種子はそのまま食しても消化管を通過するだけになりやすいので、人は熱を加えたり、物理的に破壊することで、その栄養分を頂いています。特にトウモロコシとコメ、そして小麦の種子は3大穀物として、人々に多大な栄養ももたらせています。

　乳牛にとってもトウモロコシは大切な栄養源となっています。飼料用トウモロコシ（青刈りやコーンサイレージ）の他、実（種子）を加熱してつぶした圧ぺんコーンや粉状にしたコーンミールなどがあります。さらにスターチを製造する過程、あるいはエネルギーを作り出す過程で様々な副産物が産出されますが、これもエサとして利用されています。製造工程と副産物の関係を抑えておくと、その特徴が理解しやすいでしょう。

　コーンスターチの製造には、まず原料コーンから胚芽部分が除かれます。除かれた部分を脱水・乾燥するとコーンジャームになります。ジャームとは幼芽のことですが、これはコーン油の原料になりますが、その搾り粕は「コーンジャームミール」となります。

　胚芽が除かれたら、粉砕されてセイン分が分離されます。これは主にトウモロコシの外皮部分ですが、これに浸漬液（これもコーンスターチの製造工程の最初の副産物）を吸着して乾燥させたものが「コーングルテンフィード」となります。皮の部分が主ですからセンイ分（NDF）が多く、浸漬液を付加されることでタンパク質やデンプンも相応に含まれています（概ね CP24、NDF35、NFC32、粗脂肪 4）。自給飼料に制約があり、消化性の良いセンイを確保しようとする際にはビーパルやふすまなどがよく利用されますが、センイ分と同時にタンパク質も満たそうとする時には、このグルテンフィードは有効です。ただし嗜好性にはやや難があります。

　センイが除かれた後はタンパク質が分離され、コーンスターチが出来上がります（ちなみに同じでんぷん粉でも片栗粉の方はその原料はジャガイモです）。分離されたタンパク質は「コーングルテンミール」です。当然、含有タンパク質は非常に高くなります（概ね CP65、NDF11、NFC22、粗脂肪 2）。グラス主体のエサであると不足がちのタンパク質を補うため、大豆粕などとともにコーングルテンミールも利用されます。また、乳牛が不足しやすい必須アミノ酸であるメチオニンが豊富に含まれているのも魅力です。

　トウモロコシからバイオエタノールを製造する際の副産物（蒸留粕）もあります。これも穀物粕で DDGS（Distiller's Dried Grains with Solubles）と呼ばれています。発酵の過程でデンプンのほぼ 2 ／ 3 が失われますが、相対的にタンパク質が濃縮されることになります。CP や TDN が高めですが、製造工場によって成分含量にやや差異があるようです。配合や圧ぺん大豆の代わりにこの DDGS を利用することができ、多くの配合飼料の中にもこの DDGS は付加されています。

パンにひじき

　小学校の時の給食はもっぱら食パンばかりでしたが、時にそのおかずがひじきだった
ときの違和感はなかなか強烈でした。栄養面では考慮されているのかもしれませんが、
その食べにくさは半端なかったです。

　乳牛に必要な栄養を満たすため、自給飼料だけでは不足する栄養分を購入飼料で調整
することになります。生産コストに直接的に影響しますから、値段に見合う価値が購入
飼料に見いだせるかが判断のポイントとなるでしょう。そのため、成分・嗜好性・水分
含量・形状・扱いやすさ、などが勘案されることになりますが、成分（栄養価）とコス
トについては、飼料設計ソフトなどを利用すれば一定の価値を判断してくれます。しか
し、乳牛が感じるエサへ嗜好性やそのにおい、舌ざわり、それに作業に当たる人の手間
などについては、飼料設計ソフトは何ら考慮していません。こうした要件については
各飼料の特徴を踏まえた上で、農場内にて判断されることとなります。「パンにひじき」
というエサにならないよう、主な購入飼料の特徴を確認してみましょう。

ルーサン乾草

　特長のひとつは、基礎飼料ながら、その食いこみやすさ（NDF が低い・約 40）に
あります。刈り遅れなどによって自給飼料のセンイ含量が高めであると採食量を制限し
がちとなりますが、ルーサンを併用することでこれをやや緩和することができます。そ
れて高い嗜好性を持ち合わせています。

　タンパク含量も高く（一般に CP20 以上）、ミネラル分ではカルシウム含量がやや高
めとなっています。牛群全体に利用したいところですが、それなりにコストがかかるの
で、泌乳初期や高産乳の乳牛に優先して給与するのが適当でしょう。

コーンサイレージ

　ロールでの流通の他、国内で自給飼料が不足した時にはドライ・コーンサイレージも
輸入・販売されました。茎や葉、コブ（俵）の部分は硬いセンイですが、発酵品質が安
定しやすく嗜好性が確保されているので、しっかりと乳牛の腹の中に納めやすく、セン

イの供給源としても優れています。もちろん購入にあたっては、エネルギー源となるデンプン含量を確認しておきたいところです。

ふすま

　小麦から小麦粉をとった残渣です。外皮が主体ですからセンイ（約40）が少なくないのも特徴ですが、CP（約18）やでんぷん（約22）含量はそこそこあります。比較的使い勝手がいいので、TMRの栄養価の調整に使われることがあります。

とうもろこし・大麦・小麦

　いずれも種子ですから、デンプン含量が高めでTDNの高い単味となっています。特にコーンはエネルギーの補てんの代表格です。麦類はコーンよりもデンプンの消化が速めであることに留意が必要です。加熱や粉砕などといった加工プロセスによって消化率が変わってきます。

大豆粕・ナタネ粕・加熱大豆

　これらはエネルギーだけでなく、タンパクの供給源としての役割も果たします。特に1番のグラスのCPが低め時に利用価値が見出しやすいでしょう。ナタネ粕はTDN・CPとも大豆粕には見劣りしますが、大豆粕との価格差を考慮しながらの利用となります。

　また単価は高いですが、加熱大豆は少量で高いエネルギー源でもありますから、基礎飼料は結構食いこんでいるけど、思ったほど産乳が伸びない時などに利用してみる価値がある場合があります。

ビートパルプ・オレンジパルプ・リンゴ粕

　ビーパルは広く使われている馴染み深いエサですが、その他も入手先ができれば魅力的な飼料です。高い嗜好性があり、センイの消化性も良好です。TMRの味付けには打ってつけです。

ビール粕・醤油粕・コーングルテンフィード

　一般的にビール粕や醤油粕は嗜好性が良く、CPも高め（約27）ですが、入手先によって嗜好性や栄養価にやや相違があります。

脂肪酸カルシウム・糖蜜

　エネルギー補てんの主役でなく、あくまで名脇役です。ルーメンの微生物は脂質が嫌いですから、その機嫌を損ねないように配慮します。

ペクチン

　初冬、十勝や網走といった畑作地帯では、収穫を終えたビート（甜菜）が圃場の隅にうず高く積まれ、巨大なシートがかけられています。それが順次ダンプの荷台へと移され、製糖工場へと運び込まれる様は、その時期の風物詩ともなっています。

　甜菜（ビート根）1トンから約160kg の砂糖が作られるそうですが、その残渣はビートパルプとなります。現在はペレット状に加工されていますが、かつては60kg もあるブロックで供給され、これをFRP の飼料運搬4輪車に入れて水でふやかしてから給与していました。これはなかなかの重労働でもあ

りました。ペレットになってからも真冬にはお湯で潤かして給与されている方もいましたが、乳牛たちは寒い時に出来立てのカップ麺を食するかのような幸せ感があるようで、たいそう喜んで口にしていました。嗜好性の高いビートパルプですが、製糖過程で工場によっては焦げ臭さがつくこともあるようで、鋭敏な嗅覚のある乳牛はこれを容易に見抜くようです。

　ビートパルプの大きな特徴はセンイです。通常、牧草やデンコトーンなどのセンイ分の分析値である NDF や OCW はほぼ同じ値ですが、ビートパルプでは OCW の方が10％以上も高く評価することがあります。これはビートパルプの中のペクチンという物質を含むか、含まないか、によって生じる差です。ペクチンとは食物センイの一種で、植物の細胞をつなぎ合わせる役目をしています。あらゆる果物や野菜に含まれていますが、りんごや柑橘類などには多くなっています。膨張してゲル化する特徴からジャムなどにも利用されています。NDF の分析過程では、このペクチンが溶け出してしまうため、OCW よりも低い値を示しやすくなります。

　乳牛のお腹に入ったペクチンは、あたかもルーメン内を程良くコントロールする緩衝材のような役目を果たしてくれます。その消化速度は速くも遅くもなく、ちょうど良いスピード感があり、ルーメン内の発酵を穏やかに保ちやすく、なおかつ最終的なビートパルプのセンイ消化率は上質な早刈り牧草でもかなわないほど高くなっています（85～90％）。それにビートパルプはルーメン内での滞留時間が比較的長いという特長もあります。

　こうしたビーパルの特長を活かすと、例えば、分離給与で粗濃比が崩れやすい（配合ばかり食べる、草の嗜好性が良くないなど）際に組み合わせて利用することで、アシドーシスのリスクが低減できます。消化率の劣る基礎飼料がベースであるとルーメンで供給される酢酸が制限されやすくなりますが、ビートパルプはそれを補ってもくれるでしょう。また酢酸は乳腺へと供給されることで乳脂率向上にも貢献します。

　ペクチンが豊富なビートパルプは乳牛にとっては大変に結構な飼料なのですが、北海道内においても不足がちで、比較的高値で推移しています。また海外からの輸入量も多くなっていますが、これまた安くはなく、一部では消化率に違いもあるようです。

　ちなみにビートの製糖工程で生じる副産物にライムケーキもあります。その主成分は石灰で、窒素やマグネシウムなども含まれています。このため土壌改良材として利用されています。

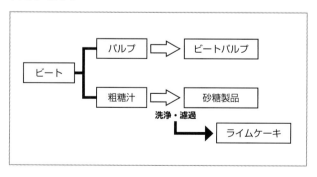

配合の与え方①

　TMR を解説した資料は数多くありますが、分離給与の配合給与法を解説するとなると意外と容易（たやす）くないようです。アウトラインだけでも抑えてみましょう。

分離給与の特徴は、

- ✓ それぞれの個体牛がどの程度食べているか正確にモニターしやすく、対応も容易。
- ✓ 食べたくない基礎飼料（センイ）には牛が積極的には口にしてくれない。
- ✓ 選び食いが簡単。食べたいエサがくる時間を待つ習慣が牛につきやすい。
- ✓ 口に入る栄養素が都度、変わる（ルーメン内の発酵が変動しやすい）。
- ✓ 採食できる時間帯が制限されることがある。
- ✓ 盗食による影響が出やすい（乾乳と泌乳ピークなどが隣り合う繋留など）。

　などが挙げられるでしょう。つなぎ飼養でも濃度を抑えた TMR（PMR）を搾乳牛全体に給与し、その上で管理者が 1 頭ずつ乳牛の様子をモニターしながら配合を分離給与（トップドレス）することが可能です。この方法は分離給与の利点を活かしつつ、同時にその弱点を抑えることも可能ですから、乳牛の様子に的確に対応できる力量があるほど高いレベルの生産性を達成できる可能性があります。もちろん濃度は薄めであっても嗜好性の高いサイレージをベースとした TMR（PMR）であることが必要となります。

　分離給与であっても、サイレージや乾草の栄養価や採食量が概ね把握できれば、産乳量レベル□ kg 程度の乳牛には配合 A を 1 日〇 kg（各回△ kg）といった計算は、さして難しいものではありません。
　課題となりやすいのは「分娩から泌乳ピークまでの適正な給与量のコントロール」です。理想の TMR では、乳牛がたくさん食べれば、必要なセンイは同時にルーメン内へと入りこみますから栄養バランスがとりやすく、ルーメン内を安定させることができるでしょう。ところが分離給与では、センイの摂取量がロール草などの嗜好性や管理作業によって変動しやすいので、ある程度は安全を見込んで給与しなければなりません。と

いって、あまり安全圏であると栄養不足やケトーシスを起こし、産乳量や繁殖成績の低下を招くことにもなります。

食べたいセンイが混ざっているところ

食べ残された硬いセンイ

　分離給与の場合、乳牛が食べたいと思わないセンイは積極的には口にしてくれません（とはいっても乳牛が食べたくないセンイを食べさせるのが TMR の本来の目的ではありませんが……）。硬いセンイなどは乳牛の見事な口さばきで選り分けられたり、鼻で遠くへと押しやられ、飼槽に長く放置されやすくなります。空腹に耐えかねると乳牛も仕方なく食べますが、採食量も栄養摂取量も制約されます。

　良質な基礎飼料（粗飼料）が十分に給与され、ルーメンがこれで満たされているのであれば、分離給与であっても配合の与え方はそれほど面倒ないでしょう。一度に 4 ～ 5kg の配合を与えていても、ほぼ問題なくコントロールしている牛群もあります。

　分離給与ではセンイの食い込み量が都度変動することがありますから、いかに乳牛が要求する栄養価を過不足なく供給し、かつルーメンや肝臓への負担を軽減するかは TMR の設計・給与よりも配慮が求められます。特に開封するロールによって品質や嗜好性が安定しなかったり、センイ（NDF）含量が高い基礎飼料ながらも高産乳レベルを求めようとすると難しくもなってきます。

　嗜好性も栄養価も高い基礎飼料を十分に与えられれば理想ですが、現実なかなかそうはいきません。細断して食べやすくするのも有効な方法ですし、中間飼料と呼ばれるエサを利用することも良い方法です。ルーサンペレットやヘイキューブ、ビーパルやオレンジパルプ、大豆皮などはそれなりにセンイを含みながらも、その消化性が良いことから乳脂率をコントロールすることにも利用されます。嗜好性が高いことはうれしいのですが、価格も相応にしますから、あまり大きく依存するわけにもいかないでしょう。

配合の与え方②

分離給与での配合の給与量と回数について考えてみましょう。

　一般的に1回当たりの濃厚飼料の給与量は3～4kg（乾物）を上限としたいところです。特に牛舎内で初産牛が容易に見分けられるのであれば、フレームサイズの小さな牛は2～3割ほど抑えます。また毎回の給与量の変動幅は0.5～1kg程とし、1日当たりの増給量は1.5kgほどに抑えたいところです。

　実際のところ、これらは基礎飼料（粗飼料）の嗜好性と栄養価、そして採食量が高ければあまり神経質にならなくてもよく、上記の数値も真に受ける必要はないでしょう。しかしその逆の状況であるほど、1回当たりの配合給与量は慎重にコントロールしていくことになります。特に泌乳初期は基礎飼料の食い込みが不安定になることもありますから、産乳量や分娩後経過日数に合わせてマニュアル通りに配合給与量を増給するのではなく、乳牛の様子や糞の状態で判断されるのが適切でしょう。

　給与回数は基本的には多い方が良いということになりますが、各農場の作業体系、そして「より搾りたい」のか「なるべく楽をしたい」のかによっても違ってきます。これが絶対という正解はありません。

　1回に4kgほどの濃厚飼料を与えるのでしたら、次回給与まで4～5時間ほどの時間を確保したいところです。これが短時間であると基礎飼料の食い込みや十分な反芻を妨げやすくなり、アシドーシスのリスクを高めます。1日10kgの給与を朝夕2回給与で対応したいのであれば、一度に5kg与えることになります。そこで搾乳前に2kg・後に3kgと分けるのが適当でしょうが、その時間間隔は3時間ほど欲しいところです。また朝、空腹状態である乳牛には最初に唾液の分泌を促すような手順での飼料給与していく従前の考えも適切です。

　右図は分娩前からピークに向けての配合給与のイメージです。農場によって乳牛を取り巻く様々な背景が異なりますから、給与量の数値はガイドラインを示すものではありません。

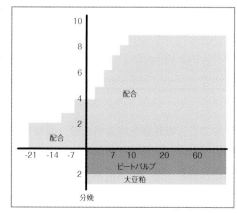

　分娩直後の配合給与量は、分娩前と同量か、その2割増し程度とし、1回当たりは2.5kg以内とします。一気に産乳ドライブがかかる乳牛も少なくありませんが、産乳量に合わせて急激に配合給与量を増すことは避ける方が無難でしょう。

　分娩後の増給は1日の給与回数を考慮します。増給する量が毎回同じという前提であれば2回給与、＋0.5kgで1日1.0kgの増給となりますが、4回給与なら2.0kgの増給となります。4回それぞれの増給パターンを分ければ1日分の増給は抑えられますが、作業がだんだん複雑化しやすくもなります。1日の増給量が多いほど次の段階へと給与量を引き上げる日数間隔をやや長めとします。また分娩後、最初の数日は生乳を出荷できないため、配合がもったいないと意図的に給与を控える方もみえますが、栄養不足を増幅し、その影響は尾を引くことになりがちです。乳牛に問題がなければ速やかに増給していった方が適切です。給与量がピークに至るまでは産乳量で調整するのではなく、乳牛の様子を見ながら段階的に引き上げていくこととなります。引き上げた後に糞が急激に緩む、酸臭やアンモニア臭がする、表面が泡立つのが見られるようでしたら、すぐに給与量を前段階へと戻します。

　分娩後数カ月過ぎたら、今度は減らすことを考えます。少しでも生乳出荷量を稼ごうとして配合を減らせずにいることもありますが、泌乳中期以降は乳牛を肥らせないことを念頭に配合給与量は調整されるべきでしょう。日乳量の減少とともに座骨端に脂肪のパッチが付き始めたら、増やしたパターンとは逆の流れで給与量をコントロールしていきます。

　つなぎでも飼養頭数が多くなってくると、1頭ずつの給与量を覚えるのはなかなか大変になってきます。時にヘルパーに依頼することもありますから、同じ泌乳ステージの乳牛をまとめて繋留する、あるいは分かりやすい看板や印をつけるなど、シンプルな手法で誰もが的確な給餌がしやすい工夫も必要でしょう。

高性能ソフト

　かつて人事異動を拝命した際、退職する前任者から、とある部門の経理を引き継ぎました。データ処理には市販の会計ソフトが用いられ、プリントアウトされた結果も立派。手短な説明の後、引き継ぎ書へと捺印しましたが……。

　それから慣れない日常業務に戸惑いながらも、会計ソフトとも格闘する日々がしばらく続きました。すると素人（しろうと）の私にも次々と見つかる入力データの誤り、さらには辻褄合（つじつま）わせのためにねつ造したのではないかと思われるデータまで混在していることが分かりました。これらをひとつずつ紐解き、最終的に全く違った結果に至るまで一苦労。会計ソフトのレベルに高さに惑わされ、最初に手渡された集計結果を鵜呑（うの）みにしていたら、とんでもない目にあうところでした。

　人間の手作業ではミスしやすい単純計算の繰り返し。定まった計算式による一括処理。そして過去のデータを素早く参照して利用するといった面倒な作業を文句ひとつ言わず、正確に処理してくれるソフトは大変にありがたいものです。

　飼料設計でも「スパルタン」が登場した際、多種類の飼料の中から指定した条件を満たしながらミニマムコストとなる解へと導いてくれるソフトは当時、大変に画期的なものでした。さらにルーメンの動的モデルを組み入れた「CPM-Dairy」の出現は、飼料設計の更なるブレイクスルーとなり、乳牛の本質へとより正確に迫る可能性を高めてくれました。核となっている CNCPS（コーネルのルーメン発酵予測システム）はその後も進化を続け、これを搭載した NDS や AMTS といった飼料設計ソフトは、さらなる高精度の飼料設計を可能とするツールとなっています。

　こうしたソフトの精度向上は喜ばしいことですが、これを利用さえすれば農場の生産性向上に貢献できるかと言えば、それほど単純でないのが難しいところです。まず、そもそもの入力データが不適切であれば、示される結果はゴミにしかならないのは先の会計ソフトと同じです（それでもプリントアウトしたものが、それとなく見えてしまうのが空恐ろしいところです）。さらに、牛が水と草で何故生きられるかといった基礎知識が曖昧なまま、あるいは各農場の背景や意向をしっかりと把握できていないまま、乳検

データとばかりと相対し、こうした高度な飼料設計ソフトを操作する行為は、あたかも竹刀（しない）で素振りもしたことない人がいきなり真剣を振りまわすのと同じです。何故オプティマイザーがこの結果が導き出すのか、その結果は本当に妥当と判断できるのかをサポートすべき人がしっかりフォローしないと危うさを感じます。

　飼料設計者は、乳牛のグループ別に「グラスサイレージ○ kg、コーンサイレージ○ kg、ビーパル○ kg、配合○ kg……」といった給与一覧（メニュー）を提供します。もちろん給飼作業だけならこれで事足りますが、給与しているエサの栄養に関する中身、あるいはどういった考えや基準に基づいて設計しているのかは、こうした給与一覧表のペーパーだけでは不明瞭です。

　購入飼料は酪農経営の中で最も大きなウエイトを占める支出であり、なおかつ栄養設計の内容は農場全体の生産性、乳牛の健康レベル、繁殖成績などを左右するものです。飼料設計者は設計内容の意図などを農場に説明し、それを記した用紙を残していくのが適当かと思われます。農場側から「必要ない」と了解でもない限り、単なる給飼量の一覧表だけを農場に渡し、設計した栄養の内容についてのドキュメントを残していかないのは、農場に対する配慮としては十分とは言い難いでしょう。たとえ栄養について特に詳しくなくても、設計者から設計の意図や栄養組成などの中身について記した（しる）情報を農場側が受け取っておき、これを綴って（つづ）さえおけば、産乳量ばかりでなく、繁殖成績や乳質、乳牛の様子の変化に対し、第三者が確認する際の貴重な資料となります。

　与えられたエサを食べ、生産や健康レベルに正確に表現しているのは乳牛に他なりません。乳牛の様子に真剣に向き合うことで、飼料設計ソフトは農場の生産性を向上させられる有益なツールとなってくれるでしょう。

栄養組成は秘密!?

PART 5

乾乳牛の話

乳牛よ、倒れることなかれ!

　分娩後の低カルを防ぐため、「このミネラルバランスで万全」「この飼料や添加物で調整すれば安心！」といった手立てはありません。全ては目の前の分娩後の乳牛が結果（事実）を示してくれていますから、その様子が管理者にとって十分に満足できるレベルにあれば現状の手法を継続していくことが無難かと思われます。ところが、「3 産以上の乳牛は獣医師の世話になることが多い」「搾乳前の漏乳が目立つ」「搾乳後の乳牛が倒れ込むように寝る」「低カルがきっかけでケトーや四変、乳房炎が結構起きているようだ」といったことがあれば、カイゼンへと働きかけてみる価値は大いにあるでしょう。

　具体的な方法は、専門知識を有し信頼できる人と十分に話し合ってみるのが適切でしょうが、ここでは周産期の乳牛の体内で何が起きているかを理解し、留意すべきポイントを考えていくことにします。少々回りくどい説明もありますが、興味が尽きるところまで読み進めてもらえればありがたいです。

●単細胞と多細胞

　単細胞と多細胞って、いきなり何の話？　と思われるでしょうが、まず単細胞生物の仕組みをおさえておくと、この後の理屈をとらえやすいので、ここから話をスタートすることとします。

　地球上の多くの生物は多細胞ですが、そのルーツは単細胞。文字通り、たったひとつの細胞だけで生きている生物です。外部とのやり取りは至ってシンプルで、直接必要とする栄養分を外界から取り込み、細胞内で発生した老廃物はそのまま外へと排出します。海の中を漂っているような単細胞生物であれば、外部にいくら老廃物を排出しても、たちどころに薄まってしまいますから、何も心配いりません。ところが限られた空間で生存する単細胞生物は、そうもいきません。例えば、美味しいサイレージを作ってくれる乳酸菌は刈り取られる前の牧草にわずかながら付着していますが、バンカーなどに詰

め込まれて嫌気状態になった時点で牧草の中の WSC（水溶性炭水化物）を主な栄養源として猛烈な勢いで増殖を始めます。ところがしばらくすると、その増殖に急激にブレーキがかかります。その理由は、栄養源の枯渇による場合[1]もありますが、乳酸菌自らが排出した老廃物が周辺に蓄積したことで生育環境が悪化したことが原因となっています。乳酸菌が排出する老廃物、それは乳酸です。大量の乳酸によって pH が下がり、ついには乳酸菌自身が増殖できない環境へと変わってしまったのです。つまり、調製の成功した牧草は乳牛にとっては美味しいサイレージではあるのですが、乳酸菌にとっては自分らが排出した老廃物で増殖ができなくなった状態なのです。

　人や牛は多細胞動物です。こうした多細胞の生き物といえども一つ一つの細胞の集合体ですから、自由に動き回ることのできない各細胞の生存を保証するには、必要な栄養源や酸素をそれぞれの細胞の元に届けると同時に、細胞から排出される不必要な老廃物（二酸化炭素や酸など）はせっせと回収しなければなりません。その運搬役を司っているのが血液[2]で、血中へと排出された老廃物の浄化する役割を果たしているのが肺と腎臓です。この 2 つの臓器によって、血液の酸素濃度や pH、イオンバランスが常時、一定の範囲内で厳格にコントロールされる仕組みは、各細胞の生育環境を整える上で不可欠であり、それが多細胞生物の生命維持の根幹を支えることになっています。

●酸性化をコントロール

　細胞から排出される二酸化炭素や老廃物。二酸化炭素そのものは中性なのですが、水分に溶け込むと酸性になります[3]。老廃物の多くも酸性物質です。これらが蓄積してくると pH が下がり、酸性（acid）化してしまうので「アシドーシス」と呼んでいます。

　血中の二酸化炭素は肺で酸素と交換されます。ですから、呼吸不全が起してしまうと二酸化炭素が十分に排出できず、血液が酸性へと傾くことから頭痛がしたり、ひどい時には錯乱やせん妄、けいれんを引き起こします（呼吸性アシドーシス）。

　呼吸不全とは反対に、過呼吸となると二酸化炭素が排出され過ぎることになります。血中の二酸化炭素が少なくなることは悪くないように感じられますが、血液の pH が正常範囲を逸脱して、アルカリ側に傾いてしまうことから、筋肉のけいれんといった症状を呈することがあります（呼吸性アルカローシス）。

　乳牛にも過呼吸がみられることがあります。それは暑熱時です。乳牛は暑さを緩和しようと口を開けて唾液中の水分を飛ばして放熱しますが、これが絶え間なく繰り返されると人の過呼吸と同様、一時的にアルカローシスとなることもあります。しかし同時に発汗によってカリウムやナトリウムが失われやすく、これはアルカローシスとは反対

のアシドーシスに作用します。アルカリ化と酸性化の双方から不安定さを生じる状態は決して好ましくありませんから、暑熱時は正常な生理作用を維持するために、暑熱対策とともに十分な飲水を保証し、ミネラルを補給してやることが大切となります。

　肺とともに血液のクリーニングで大きな役割を果たしているのが腎臓です。腎臓って体の中では尿をつくる臓器、なんとなく存在的には地味……といった印象もあるでしょうが、実は肝臓とならんで要となる臓器です。ですから「肝腎要」と言われるのでしょう（肝心はもともと肝腎）。腎臓の役割は、尿を作るというより、体内を巡る老廃物を含んだ血液をきれいな血液に生まれ変わらせている場所ととらえる方が適切かもしれません。また腎臓は、血液に含まれているイオン（カリウム、カルシウム、ナトリウムなど）を適度な濃度にコントロールするという役割もあります。実は、この濃度管理が血液 pH を調整する上ではとても重要なのです。

●血液の pH・尿の pH

　肺と腎臓の働きによって血液の pH は 7.4 ± 0.05 という、たいへんに狭い範囲でコントロールされています。中性が 7 ですから、血液はちょっとだけアルカリ側ということになりますが、このことは細胞内で発生する酸性物質を血液へと移行させやすい仕組みとなっているわけです。

　血中の老廃物を浄化した尿ですから、その pH は血液よりも酸性側（7.35 以下）にあるかと思われます。ところが尿の pH は 5 〜 9 といった具合に、酸からアルカリまで結構幅広く変化します。そして多くの泌乳牛の尿を調べてみると、その pH は 8 程度と、むしろアルカリ側にあるのですが、その理由が、低カル予防を理解する上での興味深いヒントとなります。そのカラクリを探ってみることにしましょう。

●イオンと pH

　「体に良いアルカリ性食品は積極的に摂り、酸性食品は減らしましょう」などと聞いたことはないでしょうか。食品は有害物でも入ってない限り、こうした単純な基準でその良し悪しが判断されるものではないのですが、確かに食品には酸性とアルカリ性があります。それは食品を燃やした後に残った灰（ミネラル）の水溶液がアルカリ性を呈するか、酸性を呈するかによって決まります。アルカリ性を示すミネラルには、ナトリウム（Na）やカリウム（K）、カルシウム（Ca）やマグネシウム（Mg）などがあり、酸性には塩素（Cl）やリン（P）、硫黄（S）などがあります。ちなみに梅干しやレモンなどは酸っぱいので酸性食品と思われがちですが、その酸っぱさはクエン酸によるものです。ミネラル分としては Na や K が多いのでアルカリ性食品に分類されます。

　人も牛も、食べ物に含まれるミネラル分を血中に吸収することによって血液のpHはアルカリに振れたり、酸性側に傾いたりします。ところが過剰なミネラル分は、腎臓を通じて尿へと排出されるので、血液のpHはその恒常性（7.4 ± 0.05）を維持されます。その一方、排出されるイオン濃度の変化によって尿のpHは変動しますので、K含量の高いエサを食べている一般の搾乳牛の尿はアルカリ性に傾きやすくなるわけです。

●血液中のカルシウム（Ca）

　さて、いよいよ本題の血中のCaへと話を進めましょう。これまでの各細胞が快活に生育できるための体内環境を整える仕組み、そして、そこに関与するミネラル濃度のことを説明してきましたが、これをおさえておくと理解しやすいので、ちょっと長い前座話となりました。

　Caは体内での局在性が著しく、約99％は骨に蓄積され、残りの1％ほどが血液や細胞の中にあります。健康な乳牛の血液（血しょう）のCa濃度は約9〜10mg／dlですから、血中Caの総量はたったの約3gといったところです。意外なほど少ないですね。その一方、細胞内のCa濃度は、血液中の1万倍ほど高さで保たれています。そんなにあるなら血液中のCa濃度が低下したら少しばかり融通してくれてもよさそうな気もしますが、この大きな濃度差が筋肉の収縮や細胞内の情報伝達の役割を果たしているので、このバランスは崩すわけにはいかないようです。

　これに対して、生乳には約100mg／dlものCaが含まれ、さらに初乳では通常の生乳の1.3〜1.6倍にもなります。1回の射乳量が20kgとすれば、およそ20〜30gのCaが生乳へと移行することになりますから、血中にスムースにCaを補充することは、乳牛にとってまさに死活問題となるわけです。もし血中Ca濃度が正常の10の値から8.5〜7.5mg／dlまで下がると乳牛は潜在性低Caとなり、立っているのもゆるくない状態ですから、倒れ込むように寝るような行動にもなるでしょう。さらに血中Ca濃度が半減（5mg／dl以下）してしまうと、もはや乳牛は起立不能へと陥ってしまいます。

●血液中への Ca 供給

　産褥期、泌乳によって引き起こされる血中 Ca 濃度の低下は、いかなる乳牛とて避けられません。それを、いかに軽度なレベルで、なおかつ短時間で回復させるかが低 Ca 予防のポイントとなります。そのためには Ca が速やかに血中へと供給されなければなりませんが、その供給ルートは主に 2 つあります。1 つ目がエサから、2 つ目が骨からです（ついでに注射からというルートもありますが、こちらはもちろん応急対応です）。では、その道筋を辿ってみましょう。

　まず、エサに含まれている Ca は小腸で吸収されます。K のように摂取した大半が吸収されるのであれば話は簡単ですが、Ca の吸収率はおよそ 30%といったところです。

　分娩後すぐは Ca の宝庫である骨からはスムースに Ca を引き出しづらくなっているので、産褥期は小腸から供給される Ca が重要となります。このためエサ全体の Ca 濃度を高めている方が大半でしょう。もちろんそれは結構なことですが、その前提として、産褥期の乳牛に十分な量のエサを食べてもらう必要があります。エネルギーやタンパクが満たされてこそ乳牛は健康を維持し、ビタミンやミネラルの価値が引き出されます。こうした点、過肥状態で分娩した乳牛は食欲を低下させがちですが、それは低カルにとどまらず、あらゆる疾病の誘因ともなります。肥った状態で分娩した乳牛には治療や添加物などで手を尽くすことはできても、最終的に周産期を乗り切ってくれるかは神頼みとなります。これを回避するために、泌乳中後期からボディコンディションを 3.25 前後で調整し、乾乳期へと移行することが肝要となります。また乾乳期はその前期を含め、エサが濃すぎる（高エネルギー）と乾乳牛は食べる量を減らしやすいだけでなく、分娩後にも代謝障害を起こしやすい傾向がありますので、これにも配慮が必要です[5]。

●血液中への Ca 供給指令

　血中 Ca 濃度の低下が察知されると、これを回復せよとの"指令"が発せられます。それが副甲状腺から分泌されるホルモン（PTH）で、骨の Ca 分を血液中へと放出を促します。また PTH はビタミン D を活性化し、小腸からの Ca や P の吸収率を高めます。こうした供給経路に加え、腎臓では Ca の排出が抑えられ、血中の Ca 濃度を正

常範囲へと戻そうと働きかけます。

　ちなみにビタミン D は小腸での Ca の吸収を高め、血中 Ca 濃度を骨とやり取りに関与する物質ですが、エサから摂取されたビタミン D は肝臓や腎臓の酵素の作用によって活性型ビタミン D となり、その効果を発揮します。また、適度な日差しを受けることで体内のプレビタミン D なる物質が合成されます。ですから、周産期の乳牛が舎内につなぎっぱなしであったり、底冷え感のあるような薄暗い D 型施設から外に出られないと十分な日差しを受けることができず、低 Ca リスクが高まると思われます。

　さて、通常の泌乳ステージにある乳牛は射乳によって血中 Ca 濃度が低下しても、PTH の作用により速やかに回復させることができます。なのに、産褥期ばかりが何故こんなに低 Ca に悩まされやすいのでしょう。その大きな理由は、約 2 カ月の産休（乾乳）にあると推測されます。乾乳期は泌乳部門がお休みですから、Ca の要求量は圧倒的に下がります。ですから骨から Ca の動員命令は約 2 カ月間は発せられることなく、その機能は停止したままとなります。それが分娩と同時にいきなり何とかせいと言われても、Ca を供給する蛇口が錆びついている（？）のでスムースに稼働できないというわけです。

　また、乳牛によっては PTH などからのメッセージを上手く受信できない場合があります（ホルモンや活性型ビタミン D の受容機能の低下）。こうなると、いくらメッセージ物質が発せられても低カルは起こりやすくなります。その受容機能の低下は加齢とともに顕著となる傾向があるので、高産次牛は低 Ca 予防措置のハードルが高くなるわけです。

●乾乳中に Ca を制限する

　分娩前に Ca 給与量をできるだけ制約することで乳熱を予防する策はよく採られてきました。いくら Ca の要求量が少ない乾乳牛といえども、小腸で吸収される Ca 分を徹底的に抑えこめば、骨からの Ca 動員のスイッチを 2 カ月も OFF にしておかなくて済み、分娩後もコントロールしやすいというわけです。とこ

ろがある研究では、効果的にそれを機能させるには、Ca の給与レベルは 15g ／日以下とされています。乾乳期に給与されるサイレージや配合の中にも Ca 分は相応に含まれていますから、ここまで Ca 分を抑えるのは実質不可能でしょう。タンカル給与を休止するだけでは上手くいかない……、そうした理由はここにあるのかもしれません。

　また、乾乳牛を 1 群で管理する場合、ほぼ 2 カ月間もずっと Ca 不足の状態とするのは、あまり勧められる手法ではありません。

●カリウム（K）の功罪

　乳牛の血中 Ca 濃度に関連して、サイレージの分析値の中で是非とも着目しておきたい数値があります。それがカリウム（K）です。スラリーを多めに散布したような草地から得られた自給飼料は、K の値が 2%（乾物中）を超過していることも珍しくありません。もし乾乳牛がこうしたサイレージ（水分 75%）を現物で 30kg 採食したとすれば、1 日の K の摂取量は 150g 以上にもなります（30kg × 25%乾物× 2% ＝ 150g）。K は配合など他に給与される飼料にも含まれていますから、ベースとなるサイレージの K 含量が高いと乾乳牛は 1 日で 200g 以上も摂取することになります。もちろん K は Na とともに神経や筋肉のはたらきを調節する大切な役割があるのですが、乾乳牛の体内で K が多くなると何か不都合があるのでしょうか？

　摂取した K が多いと血中の K 濃度が高くなりますが、スーパー臓器である腎臓によって余分な K は尿を通じてどんどんと体外へ排出されます。ところが常時、大量の K が体内に入ってくると血中の K 濃度が高めに推移しやすくなります。K はアルカリ側へと誘導するイオンですので、血液の pH をわずかながら上昇（アルカローシス）させま

す。この状態は Ca を制御するホルモンの分泌量、そしてそれを受容する機能を阻害し、乳熱のリスクを高めてしまうことになります。

　「ちょっと待って！ 乾乳牛よりもたくさんのエサを食べている搾乳牛は、乾乳牛以上に多くの K を摂取している。なのに、通常の泌乳牛では低カルのリスクは断然低い。何故だろう？」といった疑問も浮かぶかもしれません。もちろん泌乳期は PTH の作用によって血中の Ca 濃度コントロールが行き届いていることが大きいのでしょうが、泌乳牛の排尿量も関与している

でしょう。乾乳牛と比べて泌乳牛は大量の飲水をしますから、余剰な K はどんどんと排尿によって体外に排出されます（このため泌乳牛の尿の pH は 8 台と高めになりやすいのでしたね）。

　このことから、乾乳牛の飼養で大切なポイントがひとつ導き出されます。それは、飲水の重要性です。もし乾乳牛が多くの K を摂取し、これに飲水量に制約が加わると、K の排出がスムースにいかなくなり、上記のような Ca 制御に支障が生じやすくなります。乾乳牛が過密な環境におかれ、立場の弱い牛が水槽に近づきがたい環境があると低カルのリスクが高まることは十分に考えられます。また、冬期に頭が痛くなるほど冷たい水しか飲めない、あるいは水槽が凍れていてなかなか飲めないといったことがあると、やはり飲水量は制約され、低カルが多くなりやすい誘因となるでしょう。

　付け加えますと、たとえ泌乳牛であっても、高 K な飼料を食べ続けると腸管内の Ca 吸収率が低下し、高 K 血症（アルカローシス）によって血漿蛋白が Ca イオンと結合し、Ca イオン濃度が低下します[6]。低 Ca で倒れる心配はない泌乳牛でも、サイレージなどの K 濃度は 2％そこそこに抑えたいものです。

● K は制御できるか

　尿には K が大量に含まれていますから、尿やスラリーを草地に大量に還元すると土壌中の K は高まります。牧草は土壌中の K をあるだけ取り込む（贅沢吸収）傾向があるので、牧草中の K 濃度も高くなります[7]。もし K 含量が 2％を軽々と超えるようなグラスがベースとなってくると、上手に乾乳牛を飼うことは難しくなりがちです。そのため圃場によってスラリー散布を減らし（あるいは止めて）、乾乳牛に安心して給与できるグラスを確保されている方もみえます。

　願わくば、グラス中の K は 1.5％程度（エサ全体で 1.3％以下）にまで収まって欲しいところです。コーンサイレージはその点、K 含量が少なめなので、グラスと併用するやり方がよく採られていますが、乾乳を 1 群管理で飼養していると乾乳中に肥ってしまうことがありますので注意が必要です。こうした工夫を重ねても 1 日の K 含量を 150 g ほどにまで抑えることはなかなか容易ではないでしょう。

　では、ある程度の K は致し方ない。それでも何とかならないかということで、K と反対の作用のあるイオンを飼料中に取り込んで血中の pH をコントロールする方法が採られるようになりました。それがカチオン・アニオンバランス（DCAD）[8] です。

　やや面倒な話になってきましたが、ちょっとご辛抱願います。

　幾種類もある原子の中には、自分を取り巻く電子が離れやすいタイプと、それを受け入れやすいタイプがあります。電子が離れたものを陽イオン（カチオン）と呼び、こう

した陽イオンになりやすいものにKやNa、CaやMgなどがあります。逆に陰イオン（アニオン）は電子を受け取った状態ですが、受け取りやすい原子にはClやS、Pなどがあります。これは先の酸性・アルカリ性の食品に関するミネラル区分と同じです。こうしたイオンバランスが血液pHに関与していることから、意図的にこのイオンバランスへと働きかけることで分娩前後のCa代謝を促し、乳熱を予防することができないかとの試行錯誤が重ねられてきました。

　具体的には、陽イオンを減らし、陰イオン濃度を高めるというもので、分娩前の乳牛の血液をわずかながら酸性（アシドーシス）にして骨からのCa動員を促し、活性型ビタミンDを合成しやすくしようというものです。メインとなるイオンは陽イオンではNaとK、陰イオンはClとSです。

　ですから、計算式では、$(Na^+ + K^+) - (Cl^- + S^{-2})$

となり[9]、通常多めになりやすい前者のイオン濃度をなるべく抑え、あまりエサに含まれない後者を増やすことで、計算式の結果を0かマイナスにコントロールでしようというものです。

●超・不味い！ 硫黄（S）や塩素（Cl）

　なるほど！ では、イオンバランスを調整するためSやClが比較的多く含まれたエサを与えればいい……簡単だ！ ということで解決を期待したいところですが、残念ながらSやClばかりが一方的に多いものはとんでもなく不味い！ のです。ただでさえ食欲が低下しやすい分娩前の乳牛に、こうした嗜好性の悪いものをエサに混ぜ込んでしまうと、さらに食べる量を減らすことになりかねません。これでは問題を解決するどころか、かえって大きくしてしまうことにもなります。ですからDACDは、乾乳牛の採食の様子を慎重に見極めながら進めていくことが必要となります。

　ちなみに、乾乳牛に重曹を与えてはいけないと聞いたことはないでしょうか？ その理由は、重曹（$NaHCO_3$）には陽イオンであるNaが含まれており、乾乳牛がこれを摂取してしまうと血液pHをアルカリ側へと傾けやすいからです。では塩（NaCl）はというと、こちらにも確かにNaはあるものの、その反対に作用するClが同量あるので、陽と陰で打ち消し合って影響しないということになります。とはいっても慎重に

対処した方が無難でしょう。

●陰イオンの利用法

　ClやSといった陰イオンが含まれたエサであっても嗜好性が改善できないか、ということで開発された飼料として様々な乾乳用の配合飼料があります。また、トップドレスとしても利用できるソイクロールなどもありますが、こうした飼料の利用については事前に営業や栄養の専門の方と相談されるとよいでしょう。

　DCADの手法としては、まずは無難なレベルでの酸性化（マイルドDCAD）を狙います。この場合、DCADの値は＋5〜−5となります（計算は専門家に任せておいたほうが楽でしょう）。もちろん、これには給与しているサイレージなどを適時また継続して分析し、確認・調整する作業が求められます。

　また、積極的な酸性化に打って出る方法（フルDCAD）もあります。DCADの値は−10〜−20となりますが、この手法をとる際は上手くコントロールできているかを尿のpH（6〜7）を測定[10]しながら進める必要があります。もし酸性化が行きすぎ（6.0以下）であれば調整が必要となります。乾乳牛自体はCa分をさして必要としていませんが、DACDにより骨からCaが供給される状況では血中の余剰となるCa分は尿から排出されます。そのため、乾乳後期であっても飼料から相応の量のCaを供給してやらなければなりません（1.0〜1.5％程度が推奨されています）。また、本来は恒常性を保っている血液pHを意図的に下げようとするのですから、もしかしたら物言わぬ乳牛は代謝上の気分の悪さを感じているかもしれません。特にフルDCADの場合は、注意深くモニターすることが必要となります。

　いずれの手法にしても、メインとなるグラスにKが大量に含まれていると、期待するとおりにはいきづらいようです。

●マグネシウム（Mg）にも配慮

　乾乳期間中は配合飼料などの摂取量が少ないこともあってルーメンアシドーシスのリスクはほぼありませんが、Kの多いグラスを飽食していると、ルーメン内は逆にアルカリ側へと引っ張られることがあります。この際、課題となるのがMgです。

　ほとんどのミネラルは小腸で吸収されるのですが、Mgはルーメン内で吸収されています。そのルーメン内のpHが6.5を超えてアルカリ側へとシフトすると、エサの中に含まれるMgはルーメンで溶け出すことができず、体内へと吸収される量が低下することがあります。困ったことに、低Mg血症も乳熱のリスクを高めるのです[11]。

　そこで乾乳牛のエサにMgを適量添加しておきたいところですが、Mgを含んだもの

（硫酸マグネシウムなど）も、これまた乳牛の嗜好性があまりよくありません。乾乳後期には 0.35 〜 0.4%ほどの Mg 添加が勧められていますので、やりすぎることなく、採食性にも影響ない範囲で混ぜ込んで食べてもらうことが有効でしょう。

●結局、Ca は……

結局、乾乳後期の乳牛への Ca 給与はどうしたらいいのか……？

ミネラルだけにフォーカスして考えると、まず K をできるだけ抑えることから始まります。これは圃場管理の戦略が重要であることを意味します。また、K と同様に Na も減らすべき対象なのですが、そもそも乳牛に与えられる通常のエサの中に Na はそれほど含まれません。でも重曹は Na を高めますから絶対に避けます。

Ca は徹底的に抑えるか、十分に与えるか、の二者択一が有効とされます。抑えるのであれば、願わくば 0.5%以下としたいところですが、実際にそこまで下げるのはなかなか大変です。逆に 1.5%以上にまで濃度を上げることも効果が見込まれています。このいずれかの手法によって、乳牛からの回答を得て判断することになります。乾乳期の Ca コントロールはこれまで幾多の研究がなされてきましたが、いまだ統一見解となるような推奨 Ca 濃度は定められないのが現状でしょう。つまり、低 Ca 予防には Ca そのものが大きな要因であることは間違いないものの、それだけでは説明できないほど数多くの要因が複雑に関与しているということです。

また、前出の S や Cl（陰イオン塩）を使う場合、Ca は 1.5%ほど与えることが勧められており、比較的多くの陰イオンを与える（フル DCAD）のであれば、尿の pH をモニターしながら調整ということになります。

ちなみに低カルのリスクがほぼないことから、泌乳中後期に Ca 給与を行わない方もみえますが、泌乳期前半の Ca 赤字の補填はしっかりとしておくべきでしょう。その影響は産次を重ねてくるほど表れやすくなると予想されます。また、初産牛は臨床性低カルに至らずとも、潜在的にはやはり低 Ca 状態になっていることが少なくなく、自身の成長分も相まって Ca の要求量は過小評価すべきではないでしょう。通常の Ca 源は安価ですので、しっかりと給与しておきたいものです。

● Ca 吸収能

もうひとつ低 Ca 予防策として、Ca が小腸で吸収される経路に着目したものもあります。小腸で Ca が吸収には 2 パターンがあり、ひとつは受動輸送という濃度の高い小腸内から薄い方の血液へ移行する吸収経路、もうひとつは能動輸送という活性型ビタミン D の作用によって濃度勾配に関係なく小腸へと Ca を取り込まれる経路となって

います。

　産次が進む（加齢）ことによって小腸での Ca 吸収能力は低下してくる傾向があるのですが、DFA Ⅲ（2-フラクトース無水物）には前者の Ca の受動輸送を促進する効果があるとされます。DFA Ⅲ とはイヌリン（水溶性の食物センイ） ※12 から合成されるオリゴ糖ですが、これが小腸に達すると細胞間が少し広げられ、濃度格差による Ca の血中への移行がアシストされます。ですから分娩前後に DFA Ⅲ を与えて低 Ca を予防しようとする場合は、血中に Ca が移行しやすいように分娩前から Ca を添加することになります。

●乾乳牛が感じている生活満足度

　大きな体の乳牛といえども、妊娠後期を迎えると体内の胎児は 40 ～ 50kg、それに付随する羊水や胎盤などまで含めるとかなりの負担となります。とある関係機関に勤めるご婦人は、産休に入ったら時間に余裕があるのであれこれしたいとの思いもあったようですが、実際はお腹が大きくて動きにくいので横になっていることが多かったと話していました。乳牛もまた然りでしょう。すべての乳牛にとって気分の良く横臥できる環境は重要なのですが、特に乾乳後半から産褥期の牛にとって極めつけに重視されるべきポイントとなります。

　乾乳牛を管理する施設のレイアウトや寸法などは、既に多くの参考資料が提供されていますから、ここでは特に触れませんが、施設のみで乾乳牛の安楽性が必ずしも保証できるものでないことは留意しなければなりません。たとえ乾乳牛に約 13m² 以上／頭のフリーバーンが用意されていても、実際に乾乳牛が感じる安楽性は、その施設がどのように維持・管理されるかによって全く違ってきます。見栄えの良くない古い施設であっても、こまやかな管理で非常に優れた乾乳牛管理をされ続けている農場も数多くあります。

　どれほど乾乳牛にカウコンフォートが提供できているかは、採食や飲水、横臥行動で推測可能でしょうが、牛体の汚れや濡れから推し量ることもできるでしょう。乾乳牛（特に乾乳後期）の多くはパドックやフリーバーンで飼養されていますが、フリーに横臥する場所を選べるのであれば、乾乳牛は "なるべく理想に近い場所" を選択しようとしま

す。その環境は、天候に恵まれた晩春から初夏の時期の放牧地をイメージされるといい
かもしれません。周辺に他の牛の存在を感じられる安心感を得ながらも他の牛とは適度
な距離を保ち、新鮮な空気を思う存分に鼻孔に取り入れられ、適度なクッション性や清
潔感が保証された横臥スペースです。体の濡れや汚れは、本来横臥したいような場所が
確保することができず、致し方なく乾乳牛がとった行動の結果とみるべきでしょう。

●乾乳期間と頭数管理

　乾乳牛を2群で管理することのメリットは大きいものの、基本的に乳牛は環境の変
化が嫌いです。所属するグループが変わることによる社会的なストレスをなるべく軽減
するケアが求められます。そのためには十分なスペースを用意することが特に重要とな
りますが、分娩が集中する時期となると、なかなか厳しい状況にもなりがちです。

　乾乳頭数が多くなってしまう前に乳用で売却するということも選択肢のひとつでしょ
うし、また乾乳日数を短縮化することで乾乳牛の混雑を緩和するという方法もあるで
しょう。とはいっても、乾乳日数の短縮は、低乳量の泌乳牛を対象としてもあまり意味
がありません。泌乳後半にも産乳レベルが相応に確保でき、ボディコンディションの調
整も上手くいっている牛だけを選んで乾乳期間を短縮化し、乾乳の過密を回避するとい
うこともひとつの方法となるでしょう。

●圃場からのアプローチ

　特に北海道のように基礎飼料を自給している場合、量ばかりでなくその品質は乾乳牛
に対してのみならず、良くも悪くも牛群全体の健康レベルや生産性、経営成果をも左右
する大きな要因となります。自給飼料は自身の力だけではコントロールし切れない点も

多く、また取り組み
から結果が得られる
まで時間がかかるこ
とが少なくありませ
ん。それでも自給飼
料の品質の向上にた
ゆまず努めている農
場での好結果は、乳
牛を健康に養う上で

基礎飼料の力は何にも代えがたいものがあることを物語るようです。

※1 WSC含量が少ない刈り遅れの草やもともと少ない雑草は、乳酸発酵が進まずに酪酸発酵してしまい、腐れサイレージとなりやすくなります。

※2 植物には血液がありませんので不要な老廃物は細胞内の液胞という場所に溜められています。また植物にとっての老廃物は酸素です。かつて植物が膨大に排出した酸素によって地球の酸素濃度が上昇し、現在の地球環境の基礎を提供するに至りました。

※3 水に溶けた二酸化炭素は水（$H_2O = H^+ + OH^-$）のOH^-を奪い、炭酸イオン（$HCO_3{}^-$）となるのでH^+が発生（＝酸性化）します（$CO_2 + H_2O \rightarrow H^+ + HCO_3{}^-$）。

※4 重曹はpHの変動を抑える緩衝作用がある。唾液1ℓに含まれる重曹は約10g、1日100～300ℓの唾液が分泌されることから毎日1～3kgもの重曹がルーメンへと流れ込んでいることになります。

※5 エネルギーの目安は乾乳前期NE15～17Mcal（1.30～1.35Mcal／kg）、後期16～18Mcal（1.45Mcal／kg）。過剰であるとインスリン抵抗性（血中の糖の吸収を促すインスリンが分泌されても、筋肉や臓器などでその感受性が低下し、作用が鈍くなる状態）を強めることから分娩後のトラブルの要因となります。

※6 血清カルシウムにはイオン化Ca、イオンと結合したCa、タンパク質と結合したCaと3つの状態があります。約半数を占めているイオン化Caが重要なのですが、血清CaのCaがどれほどタンパク質と結合するかは血液pHに依存しています。アシドーシス状態ではCaイオンが増加し、アルカローシスでは減少します。

※7 代表的な雑草であるシバムギは地下に根を張り巡らすことから土壌中のKをなおのこと吸収しやすくなっています。多めのスラリーを散布した草地のシバムギ主体の草地から得られるサイレージは、乾乳牛へのK抑制はかなり難しくなるでしょう。

※8 Dietary Cation-Anion Difference。単位はmEq／100g。

※9 Sをディスカウントする（$Na^+ + K^+$）－（$Cl^- + 0.6S_2{}^-$）の式がより臨床性乳熱や尿pHとの関連が強いとするものもあります。

※10 横臥している牛を起こし、膀胱を刺激するように陰部の下あたりをなでると採尿しやすいです。

※11 低Mg血症であるとPTHの分泌量の減少と骨の細胞の受容体の機能低下を引き起こすとされています。

※12 イヌリンは糖類（水溶性の食物繊維）に分類されます。人はその分解酵素がないので体外へ排出されますが整腸作用や糖質の吸収を抑える働きも期待されています。キクイモやゴボウ、チコリなどに含まれます。

《主な参考文献》
・乳牛とミネラル、久米新一（京都大学教授）
・移行期牛の栄養生理と飼養管理、Thomas R. Overton Pd. D（コーネル大学／全酪連セミナー）
・イオンバランスを知って乳牛を健康に飼おう、石田聡一（雪印種苗㈱）

PART 6

酪農業でメシを食う

日常生活と体重測定①

　１カ月前と現在の体重、その増減は過ごしてきた１カ月間の食事内容や運動量などの生活の結果を表したものといえます。

　現状の自分を知るための体重測定、経営の財務諸表の中では「貸借対照表」がこれに相当します。特に経営学の専門的知識を持ち合わせていなくても、この貸借対照表から自らの農場の経営体質（財政状態）を把握することができます。営農計画を立てる際にあわせて作成しているJAもあるでしょう。

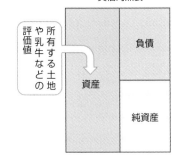

貸借対照表の左側には、自分の農場資産（土地や乳牛など）がどのように評価されているかが示されています。その資産の総額が体重の値といったところですが、その資産が自己資本によるところが大きいか、それとも他からの資金（借入金等）に依存するものなのかは貸借対照表の右側の値の比率から分かります（左右の総額は同じ）。日本を代表するような、いくつかの優良企業の貸借対照表を見ると、巨額の資産が高い純資産によって支えられていることが見て取れます。その一方、例えば、過去にプロ野球球団を手放したような企業の貸借対照表は、資産額が大きいものの異常に高い負債率にあり、それも短期のうちに返済しなければならない負債比率が高いことから、いわば自転車操業の状態にあったことが分かります。

　酪農は高ハード産業です。もしも新規に始めるとなると、乳牛とともに搾乳機器など必要とされる機械を一式そろえなければなりません。それだけでも一般サラリーマンにはとても手が届かない金額となりますが、これに施設や自給飼料を生産するための土地や機械類などが加わると極めて大きな総資産額となります。新規就農者が用意できるお金は限られていますから、当然相応な金額をその地域（JA等）が就農者を信用してある意味、先行投資をすることになります。ですから新規就農者にとって地域での信用は大きな財産とも言えるでしょう。

　1年前と現在の貸借対照表、この2つを比較すると、1年間の経営の成果がそこに反映されています。資産の総額の変化とともに、メタボ体質が改善されたか、それとも悪化してしまったのかが伺えます。さらには数年間分の貸借対照表をグラフにしてみると（例・

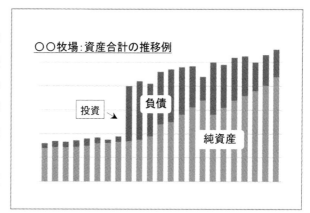

右図）、自らが辿ってきた経営の足跡を確認することができ、これは将来の経営戦略を練るための参考にもなるでしょう。

　ちなみに「負債＝体脂肪≒よろしからぬもの」というイメージになりがちですが、名目上は負債ではあっても、将来を見据えた投資もこれに含まれます。より強靭な体を作るためには前向きのエネルギー源を必要とすることもありますから、数年から十数年といったスパンで自分が意図する経営の戦略を練っていくことが肝要となるでしょう。

　体重測定に対し、「どの程度の栄養量を摂取し、どれだけ消費しているか」といった日々の積み重ねは「収入と支出」ですから、経営では単年度の営農計画書やその成果を取りまとめた数値（収支計算書）がこれに相当します。この収支の成果が体重の変化へと反映されることになります。

　体の様子が体重測定（点）と日常生活（線）とで把握できるように、経営の状況も貸借対照表（点）と収支計算書（線）によって概要がつかめます。経営は、まずはこの

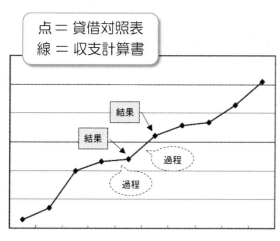

「点（貸借対照表）」と「線（収支）」で自分の立ち位置を明確にした上で、この先の経営や牛群管理戦略を練り、必要に応じて有利な制度や資金を活用していくことが適切でしょう。

日常生活と体重測定②

体重計（貸借対照表）で測定（評価）された総資産額。ところが実質の資産額は農場によって結構誤差があったりします。

貸借対照表

経営とは、自分の所有する資産を活用し、利潤を生みだす一連の活動です（図）。乳牛という資産に対しては、飼料代を始めとする経費をかけて主に乳代を得ます。圃場という資産にも同様に、肥料代などを投じて価値ある基礎飼料（粗飼料）を生産しています。

ところがこの大切な資産、その実質の価値が高ければ生み出される利潤も高くなりますが、その逆もまた真なりです。

例えば、牛群内の大多数の経産牛の繁殖がほぼ順調に回っており、なおかつ健康レベルを高く維持していれば、得られる生産乳量は高まりやすいでしょう。しかし仮に他の農場で同じ月齢や産次の乳牛を同じ頭数養っていても、慢性乳房炎牛などで傷んでいる乳牛が少なくなく、繁殖も苦戦となれば、同じような飼料費をかけても乳牛からの応えは自ずと違ってきます。こうした状況を別の指標で断片的に切り取ると、「後者の農場では乳飼比が高い」という評価となるでしょう。もちろんエサの単価や給与法は乳飼比の重要なファクターではありますが、生産性の差を生じさせる主因は購入飼料の価格でないことは容易に想像できるでしょう。

同様に、圃場についても植生が良好で、土壌管理にも手をかけていれば、管理者の期待値に近いアウトプットを得やすいでしょう。しかし雑草比率が高い、あるいは土壌pHが低すぎるといった状況であると、肥料代などの支出の割に嗜好性や栄養価の高い自給飼料を得ることが難しくなってきます。

貸借対照表を作成する際、農場の資産総額は「２歳の初産牛なら〇万円、12 カ月齢の育成牛は〇万円、草地１ha につき〇万円……」といった定められた単価によって計

算し、これらを積み上げて算出しています。実際には前記の通り、その資産を管理する経営体によって実質の評価額は異なってきます。育成牛などを除き、時間の経過とともに乳牛の資産価値が下降してくるのは抗えないとこではありますが、高い資産価値を長く維持できる程、経費や手間に対する生産量や利潤は高まりやすくなります。

　価値を発揮しづらい資産を多くかかえたままであると、1年間で経営成果を得る（メタボ体質の改善）のはかなり困難が伴います。ひとつの打開策として、外部から乳牛を導入し、経営浮上に働きかける方法もありますが、農場内の乳牛の資産価値を低下させやすい要因がそのままであると、かえって経営のメタボ体質を悪化させることが懸念されます。ちょうど"脂肪吸引の外科手術"によってダイエットを成功させても、その後の生活が以前と同じであると体質が元に戻ってしまい、期待する効果が長く得られぬまま手術代のローンが日々の生活を圧迫するようなものです。

　投資することによって乳牛という資産価値を効率的に発揮するには、資産価値を低下あるいは喪失させている農場内の要因をしっかりと抑え、これに具体的な対策を講じることが不可欠です。特に生産規模へと働きかける場合、必要と判断される然るべき投資はセットで行わなければなりません。それは例えば、硬い牛床マットを安楽な横臥を保証する牛床へ切り替える、1頭ずつの乾乳牛の自由な横臥や採食を確保しやすいレイアウトへと乾乳舎を改造する、射乳のピーク時であっても乳牛に不快さを感じさせないミルカー性能に改善する……など、その具体的な中身は農場毎に当然異なってきます。最も費用対効果が高いと推測されるポイントを探し当て、そこに積極的に働きかけ、乳牛という大切な資産価値を低下させづらい環境を整える必要があります。

　以前ならば少々不愉快な環境であっても「致し方ないなぁ……」と乳牛が強靭な生命力で許容してきたことも、遺伝改良や栄養管理などにより産乳レベルが高まることによって乳牛にかかるストレスは増加しています。人がコントロールできるストレス低減策は、資産を維持する上でも重要な課題です。

日常生活と体重測定③

　ダイエットを成功させるには、何より体重計で示された値が自分の体重であることを率直に受け入れることが基本となるようです。

　親から非常に恵まれた体をもらっていても自堕落な生活を続けていると、いつしかメタボ体質によって健康を害してしまいます。そこで一大決心してダイエットを試みるも、慣れ親しんだ従前の生活スタイルがありますから、短期間で結果を出そうとするのは無理があります。かえって強いストレスがリバウンドへとつながることもあるでしょう。苦しまぎれに、特定の栄養素や特殊な手段で一発逆転を狙うにも、そうした手法がほとんど上手くはいかないのは、ご周知のとおりです。何となく経営管理に類似する点も少なくないようです。

　かなり以前に「ためしてガッテン」（NHK）で取り上げられ、話題となったダイエット法が「計るだけダイエット」でした。
　これは体重計に頻繁に乗り、記録するだけというものです。体重計に乗っていないと自分の体重変化に鈍感になりがちですが、まめに「計る」ことで変化を自覚でき、その現実を自身の中で受け入れることができます。そして小さな好結果が得られると食事も運動も気分よく"適度に自分を律する"ことができ、結果的にダイエット効果が得られるというものです。食事制限や運動の強要もありません。たまに甘いものを食べすぎた、つい飲み過ぎたといったことで体重が増えても、少々のことならこれを許容するというスタンスでいると、挫折することなく持続できるようです。

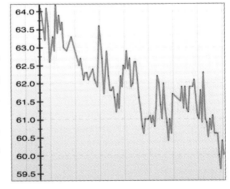

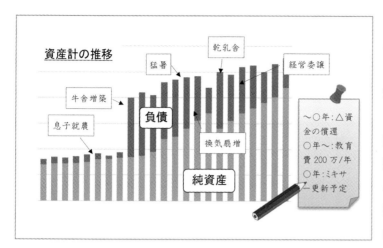

経営の体重測定は貸借対照表が示しています。貸借対照表はある時点（体重計に乗った時）の財政状態を表すものですが、この結果を継時的につなげると経営の推移が把握しやすくなるでしょう（例：上図）。結果が自分の思い通りに近いものであっても、そうでなかったとしても自らの経営の成果であることを素直に受け入れます。思うに任せない結果であると、その責任や原因を自分以外のところに求めやすいのが人情でしょうが、いつまでも自分の責任ではないと主張しても過去の結果が好転することはありません。とにかく現状を受け入れて、向上への覚悟を決めることが全てのスタートとなります。また将来を見越し、中長期の経営ビジョンを一緒に描いておくと、投資計画などもより明確に把握しやすくなるでしょう。

　どこの地域にも困難な経営状態の中から立ち直った方がみえます。そうした経営主の凄みは、これで飯を食っていくことを肚に決め、家族を守り抜くという責任を果たし続けてきた自信に他ならないでしょう。多くの経営改善や向上は、地味でささいな取り組みをじっくりと積み上げていくことによって支えられています。「頑張りすぎず諦めず、頑張りすぎず怠らず」、この繰り返しでしょう。

　貸借対照表は頻繁に作るものでもありませんから、日常的な体重測定は収入の柱である出荷乳量や毎月の授精実施頭数をモニターすることが適当でしょう。対計画比を手書きのグラフに記入し、いつでも目につくところに張り出しておくと明確に意識しやすくなります。こうしたものはすぐにデジタル化したくなるところですが、手書きの方が日々強く実感することができます。

　また、収支計画や出荷乳量計画の作成作業も主体が他人任せであると、実績を積み上げていく過程で計画との間に生じたブレに対してあまり深く考えなくなりがちです。「自分の想定したこととの相違」にこそ、良くも悪くも改善へのヒントが隠されており、そのヒントを最も正確に探り当てることができるのは、日々仕事にあたっている自身を差し置いて他にはいないでしょう。

ニードとウォント

　自分の収入を把握し、計画的に出費をコントロールできれば、「ご利用は計画的に」と言われる借入金を通常は必要としないでしょう。

　一般的な家庭の家計費の内訳は、概ね支出の全体の約7割を占めているのは NEED、つまり生活のために必要とされるものです。残り3割は WANT、こちらは欲しいものであって、買わなくても生活には困らない類のものです。

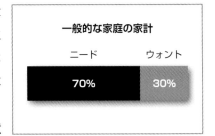

一般的な家庭の家計

ニード	ウォント
70%	30%

　モノを売る方の立場であれば、消費者の購買意欲を高めるために、あの手この手で消費者の欲しい気持ちを刺激し、「あなたに必要なものです」との意識づけをしようとします。周辺の人の話やマスコミなどの影響により、ウォントがいつの間にかニーズに差し替わる、あるいはウォントのハードルが徐々に下がると少々無理してでも購入しようかと気持ちへと傾きます。

　ここで最悪のシナリオは、ウォントの支出が高まりすぎ、ニードのお金まで使ってしまうことです。「ウォントを適度に自制する心」は、子供の頃の親の教育が大切なのかもしれません。

　何かを欲しいと思うことは自然なことです。欲しいという気持ちは、生きるエネルギーにもなります。欲しいものを欲しいと言ったり、欲しいものを買ったりすることは決して悪いことではありません。しかし使えるお金には限りがありますから、ほとんど支障がないものは我慢する、ないなりにも出来る工夫をしてみる……といったバランス感覚が大切でしょう。

　お金を遣えばモノを買ったり、サービスを受けることができます。つまり心理的に充足感を得ることで自分の欲求を満たし、ストレスを発散させることにもなります。浪費癖がある人は、お金を遣うことで心的な充足感を得ている、と考えることもできます。

　本当に必要かどうかを深く思慮せずに、とにかく買いたい・欲しい、買わないと損という気持ちが優先すると、子供がおもちゃを欲しがるのと同じ心理状態になります。酪農の営農では、一般サラリーマンとは桁違いの額が扱われます。ウォントをいつの間にかニードにすり替えて、それが必要であるとの理屈をつけ足すのは、時に経営にダメージを与える“疾病”ともなりかねません。

「WANT！」の自制心・チェックリスト！?

✔ 既存の機械や施設の短所に目が向きやすい、物足りなさを感じやすい。

✔ 現在の仕事の問題点を機械や資材の導入で解決を図ろうとする。

✔ 他人の施設が上手くいっていると思うと、同じものを作りたくなる。

✔ 子供の頃に親にいくらせがんでも買ってもらえず、切ない思いをしたことがほぼない。

✔ 経営的な課題に直面することなく後継者となった。

✔ 子供じみた大人買いをしたことがある。

✔ 安く買ったことを自慢する、または買わなかったことを自慢したことがない。

✔ 新しい技術（らしきもの）、変化には飛びつきやすい。

✔ ハイテク、スマート、最先端技術……といったうたい文句が好き。

✔「自動○○機」という響きが耳に心地よい。

✔ 様々な添加剤をいっぱい持っている。

✔ 特定業者と親密に付き合う。

✔ 熱しやすいが、さめるのも早い。

✔ 技術や情報に酔いやすい。

✔「5袋に1袋サービスします……」という文句が大好き。

✔ 情報源の多くが無償である。

✔ お人よしな方である。

✔ アマゾンやTVショッピングで買い物をし、現物を見て後悔したことがある。

✔ 必要性を十分に考慮しないで補助金を欲しがる。

✔「限定○個」とか「期間限定」に弱い。

✔ 賭け事が好き。

✔ ブランド品が好き。

✔ 部屋が散らかっている。

✔ 買っても使わないものが多い。

足るを知る

投資を活かす

酪農家には大きな投資への判断を求められる機会があります。投資によって生産量が伸びるのは必然ですが、同時にその効率である生産性の伸展も不可欠です。

施設の新築や増築にかかる費用は、一昔前と比べると半端なく高くなっています。それでも必要とされる施設への投資は行っていかなければなりませんが、自分ではコントロールできない状況の変化（乳価や飼料などの購入物の価格など）も可能な限り織り込んで、早めの償還も視野に入れておきたいものです。最悪のシナリオは、施設はできたけれども出荷乳量が期待値に届かない状況が長く続いてしまうことです。

例えば、経産牛 80 頭に対し、8,000 万円の施設投資をしたとしましょう。単純に割り返せば 1 頭当たり（利息を除いて）100 万円です。10 年間で投資効果を得て元をとるには 1 頭ずつが 1 年間で 10 万円以上の効果が見込まれるかが投資の判断目安となります。10 年よりももっと長期にすれば楽でしょうが、償還が終わるときには自分自身はもちろん、家族や周辺の人々も相応に年を重ねていますし、新たな投資が必要とされることも少なくあります。施設投資の償還期間はできる限り、あまり長期とはしたくないものです。償還を終えてからが本格的な自分の取り分ですから、スムースに償還が進むほど、更なるステップへのシナリオも自分の思い通りに描きやすくなってきます。

投資によって向上させるべきポイントは「収益性」です。
それは 1 頭当たりの平均乳量や経産牛 1 頭当たりの年間乳量が高まるということのみで判断されることではありません。施設に関する知見は高まっており、より良い資材も提供されていますから、施設に投資したのであれば平均乳量が上昇したり、乳質管理がしやすくなるのは、ある意味当然であり、また必然でもあります。
収益性が高まるためには、「乳牛という資産が投資以前よりも高く引き出されるようになる」ことが欠かせません。牛群の健康レベルが向上し、平均産次が高まれば、1 頭ずつの乳牛が農場を去るまでの間にもたらしてくれる収益は増加します。施設と同様、

乳牛も償却期間を終わってからが本格的な儲けですから、1 頭当たりの乳量や経産牛 1 頭当たりの年間乳量が高めであっても、短かすぎる平均除籍産次ではお金の動きばかり忙しく、その割には手元に残らないという結果ともなりかねません。生涯生乳生産性（116 ～ 123 ページ参照）を伸展させられるかというのも、投資のひとつのポイントとなるでしょう。

　投資によって労働生産性が高まる点も重要です。これは例えば、「年間出荷乳量（年間乳代）÷全員分の年間総労働時間」の値によって 1 時間働くことで得られる乳量（乳代）が分かります。投資はこれを高める必要があります。特に規模の大きな農場では投資の際の重要な判断ポイントとなります。出荷乳量は上昇したものの総労働時間はそれ以上に長くなり、労働生産性が低下したのでは、働く人の士気はかえって下がってしまいます。

　さらに施設への投資を検討する際、農場での「環境・管理・牛」にバランスが取れているかも判断材料となるでしょう。

　ソフト面（管理作業など）に相当改善すべき余地を残したまま、生産が伸びない原因を施設面や装備にばかり求め、「施設や機械類へ投資すれば何とかなる」との判断は、投資効果に危うさを伴います。特にスマート農業を売りにするようなハイテク機器の導入が農場内の課題解決を大きく解決してくれるとの過大な期待は、もしかすると砂上の楼閣であるかもしれません。十分に第三者の意見を聞いておきたいところです。

　その一方、老朽化した施設であっても丁寧な仕事を欠かさずに、優秀な成果を挙げている方は少なくありません。しかし畜舎環境があまりに現在の乳牛レベルにそぐわず、いくら人が管理面で頑張っても生産を伸ばせない状況、例えば、産乳量が伸展してきたものの牛床の安楽性が産乳量のレベルに十分に見合っていない、乾乳や育成施設がいつも手狭であるといったことであれば、施設への投資は高い効果が期待されます。

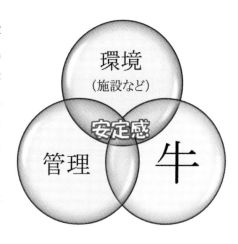

運転資金と設備資金

　堅実な経営基盤を引き継いだ次の世代。若い時に投資や負債返済について何ら悩ましい思いをすることなく営農できることは幸せなことではありますが……。

　酪農が一般の製造業と大きく異なる点は、生乳という生産物がほぼ安定した価格で基本的には全量販売できることです。つまり、収入の見通しが圧倒的につきやすいという点は、経営面では大変にありがたいことです。

　しかしながら酪農は生産に必要となる資産が高額なものばかりです。乳牛1頭を取得することさえ、サラリーマンの収入では容易ではありません（もっとも買っても仕方ありませんが……）。酪農はその乳牛を相当な頭数そろえた上で、自給飼料を生産する広い圃場、それに畜舎などの施設関連や、あらゆる機械類などがこれに加わります。これらの資産の中で、通常の営農活動で増加させられるのは乳牛だけで、その他の資産（施設や機械など）はいつか更新が必要となります。土地も広げるのであれば、これにもかなりの資金が必要となります。このため酪農経営には日常的な運転資金の管理とともに、事業継続や拡大のための設備資金も必要となります。

　まず、日常的な営農活動で必要なお金がスムースに回っていることが不可欠ですが、継続して稼ぎ以上に支出が上回ってしまうと当然お金が足りなくなります。多額の貯金があればそれを切り崩してでも営農はできますが、長続きしないでしょう。サラリーマンでも苦しい時に何ら手を打つことなく、手軽に借りられるお金に手を出すと多重債務

者に陥るのは時間の問題です。何とかなるとの淡い希望は、必ず現実にぶち当たります。なぜ支出が収入を上回りやすいのかを信頼できる相談者とともに、まずは解決していかなければなりません。

　そして、事業の維持や拡大には設備資金も必要となってきます。特に畜舎への

投資となるとかなり高額になりがちですから、長期的な償還計画を樹立させておかなくてはなりません。それに多くの場合、その後に追加の投資も必要となってきます。

　償還すべき金額に対して、どれだけ乳代を稼ぎ出したらいいか。当たり前の話ですが、この償還額を確保していかないと経営的には苦戦を強いられることになります。そのために「借入返済可能売上高」を計算しておさえておくべきでしょうが、必要とされる売上高（乳代収入）は意外と高めというのが現実でしょう。ざっくりととらえるのであれば、償還金が乳代収入の1割ほどに納まっていれば安定した経営がしやすいでしょう。しかしこれが上昇してくると、機械の修理代などといった不意な支出や周産期での乳牛の事故が重なると、個体牛や牧草などの販売あるいは補助金や共済金などへの依存度が高まってきます。場合によっては、最初から孕み牛を販売することを織り込んで計画を組む必要があるでしょう。

　具体的な例で必要な乳量を計算してみましょう。年償還金が800万円とすれば、安全領域10％とするためには年間乳代8,000万円。つまり年間出荷乳量は約800t（100円／kg）、1日当たりで2,192kgが必要となります。1年を通じての搾乳頭数が70頭見込まれるのであれば、産乳量は31.3kg以上となります（95円乳価なら32.9kg以上）。

　もちろん農場によって生乳生産コスト（粗利益率）は異なりますから、必要とされる乳量レベルは違ってきます。償還金がほとんどなかった経営体が然るべき設備資金を投じた場合、それまで余裕で営農をしてきた状況とは一変します。「稼ぐべき時にはしっかりと稼ぐ」というスタンスで営農に取り組むことは、責任ある経営者としては当然でしょう。

　負債額が非常に小さく、飼養頭数に対して草地面積に恵まれ、なおかつ今後も設備投資や生活面で多額の教育費が見込まれないといった状況であれば、スモール経営に徹することも有効な選択肢となります。それはひとつの理想形でしょうが、全ての農場に当てはまることではないので、これを経営の一般論として語るには無理があります。とくに若い世代にとっては長期にわたる経営管理となりますから、その時々に必要とされる金額、そして自分が求める生活様式に基づいて、経営手法や牛群管理を考えていくことが必要となるでしょう。

総合力で勝負

　農場の生産性は、特定の技術や知識の深さよりも、全体を俯瞰しながらコントロールしていく「総合力」が反映されるようです。

　良質な自給飼料を生産するには圃場の植生、刈り取りステージ、腕のあるオペレーター、添加剤の利用法など、数多くの技術が関与しています。その大切な自給飼料がもしも牛の口元に届く前に写真のようなバンカーに貯蔵されていたならばどうでしょう。バンカー内の下部のサ

イレージは指がささりづらいほどの密度で詰め込まれて、その品質が保持されていても、上部の山盛りに積まれた部分は鎮圧が効いておらず、簡単に手ばかりか腕まで差し入れることができるような"直検サイレージ"状態です。こうした腐れサイレージが混入してしまうと、せっかく苦労を重ねて収穫した自給飼料の総合点を大幅に損ない、期待するほど乳牛が採食してくれなくなっても不思議ではないでしょう。さらに、この原料草の半分以上が刈り遅れ気味の雑草、収穫時の土砂の混入などがあると、いくら腕利きの飼料設計者でも自給飼料を活かした効率的な生乳生産にはなってくれないでしょう。

　自給飼料の品質だけでもこのように数多くの要因が関与していますが、これが生乳出荷までへとたどり着くまでのプロセスとなると、関与する要因は数えきれないほどの数となります。主なところでも、乳牛の遺伝能力、子牛の頃の哺乳質や量、下痢や肺炎の有無、初産分娩時のフレームサイズ、牛床の衛生状態、畜舎内の換気、暑熱や寒冷、蹄の状態、精神的な安楽性、配合飼料の与え方、搾乳機器の性能……などがあるでしょうが、その一つずつはさらに深掘りできますから、細かなことまで考えていくと際限がないほどです。そしてそれらについて技術や情報があり、なおかつそれらの多くが進化してい

るのですから、あらゆることに対してすべからく100点満点を目指す管理は、いかなるスーパーマンであっても不可能ですし、またその必要もないでしょう。

　現場で必要とされることは、牛群の生産性や健康レベルを確保し、安定した経営を築くことです。生産技術の特定部門で専門家顔負けの知識を蓄え、仮にそこで100点を取ったとしても、その他の部門で及第点を得られなければ総合力は高められません。もちろん特定部門が好きで、一生懸命に勉強することは大変に結構なことですが、生産現場の方は専門家や学者になることに、そもそもの目的はないでしょう。特定部門の知識や情報は、農場全体の総合力を高めるための道具や武器として利用することに価値があります。特に酪農場全体の中で自給飼料生産や繁殖管理、カウコンフォートといった重要な部門に弱点を抱えてしまうと、他の部門、例えば栄養や血統に長けていたとしても期待する経営成果が得られなくなってしまいます。

　各分野にそれぞれの専門家がみえ、深い見識をお持ちですから、必要に応じて酪農家がその情報や技術を利用していきたいものです。ただ自分と異なる専門分野への敬意が足りない専門家は、唯我独尊・マニアックな傾向が強いようなので、適当に距離をおいて付き合った方がいいのかもしれません。

　栄養学に精通したプロは酪農経営のプロではありませんし、建築屋さんは建築のプロであっても乳牛管理のプロではありません。ミルキングシステムの技術者の大半の方も乳房炎防除のプロではありませんし、治療に長けても牛群の健康維持へと効果的に働きかけるとなると別分野となります。酪農家は牛飼いの実践プロであり、経営の実践プロです。広範囲にわたる分野をバランスよくまとめ上げて、より総合力を高めていきたいものです。

誰もが一定以上の作業

　人によって作業の手順が微妙に違うと、もたらされる結果がばらつきやすいのは必然です。日本の製造業はこれをコントロールする術（QC・品質管理）に長けていたことで世界トップレベルの品質を提供できるようになりました。

　農場の作業手順が標準化されていることは大切です。とはいえ従業員が入れ替わることのある農場では、その都度、責任者が事細かく指示するのは手間がかかります。たとえ初心者が入ってきても、作業手順が明確に示されているツールが用意されていれば、正確かつ容易に伝えることができ、もたらされる結果を良好に安定化させやすくなります。また、同時に安全で効率的に作業を進めることもできます。

　こうした作業手順をまとめたものは「標準作業手順書（SOP）」と呼ばれますが、その中には過去に起きた不具合への対策も盛り込まれていますから、同じミスを繰り返すことを抑制する効果もあります。

　こうした標準作業手順書は作業を効率的に達成させるためのものですから、中身はくどくどとした長い説明文章よりも、写真やイラストを数多く用い、具体的で簡潔な説明である方が使いやすいでしょう。

　標準作業手順書によって生産現場の仕事を効率化できるノウハウは、酪農の現場でも利用できます。ところが、その整備には手間がかかるため、その価値を認識する人は多くても、なかなか手がつけられないのが実情でした。

　その一方では GAP（農業生産工程管理）、HACCP、ISO（国際標準化機構の定める規格）などが徐々に生産現場でも広まりつつあり、その成果を挙げている農場もあります。大変に結構な取り組みですが、一般農場でこれらに関する書類をきちんと整備するにはかなり大変ですし、認証を得るために結構なコストがかかるものもあります。大多数の農場では、分かりやすく、なおかつ簡単でありながらも皆が共通して認識しやすい作業手順が有益となります。

そこで2020年に全酪連とホクレン、それに釧路農協連が協力し、ほぼ全ての酪農場で共通する標準作業手順書を整理し、リリースしました。内容は8つの事項（搾乳・分娩・子牛・乾乳・繁殖・給餌＆水・蹄・農場衛生）で構成され、ファイルはワードで作成されています。

これは無料でダウンロードできますから（QRコード参照）、各農場の実情に応じて書き換えはもちろん、写真やイラストの差し替えも自由となっています。一から標準作業書を作るよりも大幅に時間と手間を節約することが可能です。

　この「デーリィNavi」と名付けられた標準作業手順書は、生産現場で主に2つのメリットをもたらします。

　まず1つは、作業が標準化することで、誰もがほぼ同じクオリティで結果を出せるようになることです。このことは日々の農場全体の作業効率を押し上げ、働く人にも精神的な余裕を提供することもできます。作業結果のバラつきが減ることは、品質の安定と向上をもたらすことにもなります。

　2つめのメリットは、作業内容を人に教えやすくなることです。農場に来たばかりの人に説明をするのに圧倒的に便利で、なおかつ正確な作業内容を伝えることができます。もちろん家族経営であっても、日々の作業内容をどのような手順で進めるかを確認することはとても有益なことですし、ヘルパーへの引継ぎに利用することもできます。さらには地域の優れた乳質や子牛の管理をされている農場の作業手順を関係機関の方が調査し、それを「デーリィNavi」へと盛り込んで多くの農場に普及できれば、地域全体に特大の効果を生み出すことにもなるでしょう。

　「デーリィNavi」は基本形が用意されているとはいえ、8項目となると、それなりのボリュームがあります。一気に整理するのは容易ではありませんから、搾乳手順など優先させたい項目から徐々に進めていくことをお勧めします。

　そして一度農場オリジナル版を完成させた後でも、都度、皆で話し合いながら改訂を加えていくことも標準作業手順書には大切です。

地味を地道に

　たとえ理想の状態ではなくても基本をしっかりとおさえ、地味な仕事をコツコツと積み重ねると大きな成果へとつながってきます。

　乳質管理に優れた農場、極めて少ない事故率で優れた子牛を育て上げている農場、あるいは特に目立つような存在ではなくても長年堅実な経営成果を挙げ続けている農場。そこにどういった技術やノウハウがあって好結果がもたらされているのかを農場の方に伺っても、大抵「特に何もしていないよ」「特別なモノは使ったことがないよ」という答えが返ってきます。それでも何かあるかもしれないとつぶさに調べても、本当に特別なことはほとんど見いだすことはできません。

　こうした堅実な成果を挙げている農場の大半は、やはりベースとなる仕事がきちんとなされていることが一番の特長となっているようです。それは例えば「使い終わった道具はすぐに決められた場所に戻す」「変だと思ったら早めに対処する」「きれいな牛体の牛が多い」「牛という命としっかり向かい合っている」「営農日誌を書いている（記録をつけている）」……など文字にしてみると生産技術っぽさは感じられないようなことが

大半でしょう。しかし、こうした地味なことを継続して積み重ねていくことにこそ、生産基盤の根底の支えとなっているようで、それは同時に生産ロスを抑制することにもつながっています。別の見方をするならば、自分が管理する資産（乳牛、圃場、施設、機械など）

の価値を不注意によって損ねてしまわないような十分な配慮です。

　基本から外れてしまったことで生じる本来あるべき姿とのギャップを小手先のテクニックで何とかしようとしても、手間やコストはかかりやすく、なおかつ本質的な課題解決にはつながりづらいようです。

　優れた管理をされている農場では、基本となる作業が日常の仕事の中で至極当たり前の "習慣" となっているので、「特別なことはしていない」という言葉で表現されるのかもしれません。

　現在、多くの職場が 5S 運動に取り組んでいます。これは「整理・整頓・清掃・清潔・躾」の徹底です。不必要なものを捨てて「整理」し、然るべき置き場所を定めて「整頓」、そしてゴミやホコリは「掃除」し、この 3 つにより「清潔」な状態を維持します。また、これを皆で守るように「躾」（ルール化）します。

　とある企業の代表も M&A（合併買収）により再建に乗り出した企業に対しては、まずはこの 5S を徹底することから始めています。いくら技術などは優れたものを持っている会社であっても、従業員の意識が低迷したままではいかなる策を講じても浮上できませんが、5S は従業員の気持ちに働きかける上で打ってつけの効果があるそうです。5S を知っている・聞いたことがあるのは三流企業で、実践しているけどなかなか徹底は難しいと感じているのが二流企業、それを高いレベルで継続しているのが一流企業だそうです。まさに言い得て妙です。

　特に「掃除」は凡事ながら、きちんと継続していくことがなかなか難しいことです。今は面倒だから後にしよう、そのうちちゃんとやるという姿勢では一事が万事、些細な不都合が積み重なって大事となり、さらに難事へと変貌していきます。

　禅の入門書を紐解いても掃除による効果が謳ってあります。掃除はやっただけの成果が目に見えることで爽快感が得られ、また同時に不安や悩みにつながる自分の心にたまったちりやほこりもキレイになり、思考と感情の整理にもつながるようです。「一掃除二信心」（掃除が先で信心はそのあと）という禅語もあるそうですから、酪農では「一掃除二搾乳」なのかもしれません。

チームの力

　人の集まった組織などが目的に対して優れた成果をあげるには、リーダーや責任者は人のマネジメントに配慮しなければなりません。これが、なかなか大変な仕事です。

　終着駅へと滑り込む新幹線。そのホームで到着する新幹線を迎えるスタッフがいます。テッセイと呼ばれる会社の従業員で、新幹線の中の清掃を担当する方々です。その新幹線が再び出発するまでのごく限られた時間、座席カバーを交換したり、座席の下やテーブル、トイレなどを掃除して、次に乗車するお客様に気持ちよく利用してもらえるように配慮しています。仕事に対して高い意識を持ったスタッフがテキパキと車内を見事に整え、そして清掃が終わった新幹線に向かって全員がホームに並んできちんと一礼する姿には、なぜか胸をうつものがあります。

　スタッフを雇用する酪農場、それに数多くの酪農に関連する組織や会社などが高いパフォーマンスを達成するには、そこで働いている人ひとりひとりが高いモチベーションを持っていることが基本となります。人の動きは全体を大きく左右しますから、いかに人をマネジメントしていくかは、経営者や責任者に課せられた大きな課題となります。

　こうしたマネジメントの手法を解説したビジネス書は数多くあります。マネジメントに関して著名な人の本やコーチングといった技術などを説明した内容は、目を通すとためになることがたくさんあります。しかしこうしたノウハウを単なる借り物のまま上司が並べてみても、相手の感情に響かなければ何も変わらないでしょう。地図で道があることを知っていても、実際に自分が歩いたことのない道のことを話しても、聞き手は話者にその経験がないことを容易に見抜きます。上部組織と言われる団体で指導の立場にある職員も、こうしたマネジメントの理屈をそのままとある職場に持ち込んで上から目線で指導したことで、そこの職員の仕事に対するテンションはかえって下がってしまった事例さえあります。

　個のやる気を引き出すため、実績に応じて評価するという成果主義もあります。しかしこれが強いられると、自分の目標を達成することが目的化し、チームとして機能しな

くなるリスクがあります。個人としても安心して仕事がしづらくなるでしょうし、まして その評価を信頼に値しない上司が行うとなると、早めに転職先を探したくもなります。同様に報酬額によって評価するのも結構なことかもしれませんが、高額な報酬で喜ぶのは一時的で、人の際限ない欲望に応えることはできません。それに高額な報酬を得られなかった他の人のやる気を削いでしまってはチーム力が低下してしまいます。

　仕事は報酬のみならず、精神的な満足感が得られることも大きな価値でしょう。先の新幹線内の清掃も、その仕事内容のみからすれば3Kの部類かもしれませんが、きれいになった清掃後の車内、乗客や周辺の人々からの好評価、社会に貢献しているとの充実感などが従業員の高い士気につながっていると思われます。自分の仕事が他人のために役に立っているとの「利他」の気持ちは、人間を突き動かす大きな原動力となるようです。

　マネージャーは個々の仕事に対するモチベーションをどのように上げていくかが重要な課題となりますが、これを優しく諭すか厳しく叱るかといった相違はあっても、その根幹は熱意や真剣度がどれほどあるかによって決まるでしょう。それに人はそれぞれ個性がありますから、きめ細かな対応も必要となってきます。となると責任者ほど人間的な徳を積んでいかなければなりませんが、聖人君子ではありませんから、そんなに美しくいきません。せめて全体が良くなることを一番真剣に考えている人でなければならないでしょう。

　個々のモチベーションが上がると自ら目標を掲げ、改善案も自発的に提案するようになります。人はたとえ上司からであっても、またその内容が良いものであっても、基本的に他人から強制されるのは嫌いな動物ですが、自らが率先して考えたことは熱意をもって取り組みます。

　その一方、チャンスを与えても必要最小限以外のことは何もしないといったやる気のない従業員はゼロではありません（ベテランを含め）。これを放置すると徒党を組んで悪党と化すこともあり、全体に悪影響を及ぼしかねません。お互いがリスペクトしあえる環境の妨げとなるようなマナーが悪い人は、機会を与えて辞めてもらうことも必要でしょう。

聴く力

経営者に求められるのは戦略的な思考、攻めと守りのバランス感覚、時代の風を読む、高い倫理観など様々でしょうが、「聴く力」も人間力に立脚した大切な要素となっているようです。

結婚式やちょっとした会合で挨拶をしなければならないとなると、慣れた人以外は、それなりの緊張を強いられます。しかしこの「話す力」は、その内容や話し方も重要な要素ではありますが、少々のテクニックを身につけ、場数（ばかず）を踏むと相応の力がついてくるようです。ですか

ら最初のうちは下手なスピーチをしていた政治家や町の長（おさ）なども、年数を重ねると上手くなってくることが見て取れます。

一方、「聴く力」はどうでしょう。聞くことは誰にでもできますが、話す場合と違って、他人からその力量を試されることはほぼありません。「話す」に対して受け身的な行為ですから一般的に楽なものともとらわれがちですが、実際のところは聴く力は人によってかなりの差があります。そして、そのことが周りからの信頼や人脈などの相当な違いにつながっているようです。

　聴くという行為は、相手の言葉（言霊）を自分の中にいったん受け入れる行為です。話している相手が自分の好きな人、あるいは楽しい内容であればこれは容易でしょうが、そういったケースばかりではありません。面倒な話、すでに聞いた話、自分の価値観とは相違する話、理解するのが難しい話、いけ好かない人からの話など、聴くことに熱心になりづらいケースはいくらでもあります。それに聴くという行為を真剣に行うことは、脳みそに結構な負荷がかかります。

　聴く力、さらには五感で周辺を感じ取る力は磨いていないと、そのアンテナは徐々に錆びてきます。特に成功体験を繰り返してきた経営者は聴く力が衰えやすくなるようで、いつしか周辺も差しさわりのない情報ばかりを伝えやすくなってきます。そうなってくると何かと判断を誤りやすくなり、気づいたときには会社を危うくした・つぶしたというケースは数多とあります。また聴く力が衰えてしまうと、相手の話を途中から勝手に先回りして結論を出そうとする癖が身につくこともありますし、無意識のうちに尊大な言動をとってしまうこともあるかもしれません。

　聴くという行為の重要性を説いたひとりに、経営の神様・松下幸之助さんがいました。どうしても最高責任者に本当のことを言ってくれる人は少なくなるので、声なき声に耳を傾ける努力が必要とし、また人の言に耳を傾けないのは自ら求めて心を貧困にするようなものとも語っています。ですから部下の話の大半はつまらないと相場決まっていても、あえて「いま君の話を聴く以上に重要な仕事はない」と意図して椅子から身を乗り出し、相手の眼を見ながら真剣に聴くようなポーズをとることもあったそうです。

　人は自分の話を熱心に聞いてくれる相手に好意的になります。聴く力がある経営者は、衆知の力を集めることができます。聴く力のある上司は、部下からの信頼が厚くなります。聴く力のある男性は、女性からの関心を惹きつけます。そして古女房の話を聴く力のある旦那は、より円満に暮らすことができます……。

素直力 !?

素直というと、従順な意味合いにとられがちですが、そうではなく、自分の至らなさを認め、そこから努力するという謙虚な姿勢のことです（稲盛和夫）。

オーストラリアの１戸当たりの搾乳牛頭数は 200 ～ 300 頭が主流。そして国土がとてつもなく広大ですから自家授精の農場比率は高く、またその多くが１人で授精業務にあたっています。こうした自家授精を行っている農場の中からプロの授精師が授精作業に立ち会  うことを了承した農場を対象に、自家授精の作業過程を確認・調査を行いました。そして得られた結果は驚くべきことに、ほぼ半数の農場では"ちょっとした改善"で受胎率を約５％も押し上げる効果があるというものでした。

一連の調査で分かったことは、大半の自家授精を行っている農場では担当者がいつの間にか随所に自分なりのやり方に変更していたり、つい手を抜いてしまいがちな事項のあることでした。ひとつひとつは些細なことであっても、その積み重ねが結果（受胎率）に悪影響していることを改めて認識させるもので、プロの助言が基本へと立ち返る機会となったようです。具体的な取り組み内容としては……

✓乱雑気味だった授精道具を整理した。
✓タンク内のストローを確認する時に高く上げすぎない。
✓ストローを手で触らず、必ずピンセットを使う。
✓ストロー解凍温度を確認する、誤差のある温度を容認しない、温度計を買い直す。
✓寒い日には注入器を温めるようにした。

✓ 解凍から授精までの時間が長くなりすぎないように事前の段取りを工夫する。

✓ 口にくわえる悪癖を直し、シャツなどの中に入れるようにした。

✓ 手洗いを習慣化した。

✓ 精液注入位置の精度向上への技術研鑽。

　ほとんどの中身は特別なものではなく、基本を実践し続けることの重要さを説くものであったようです。ちなみに、このプロの授精師の立ち合いを受け入れることについては、少なからぬ農場で抵抗もあったようです。立ち合いを受け入れて、助言を受けようとする姿勢のある農場でさえ、こうした指摘事項があるのですが、プロの目の受け入れを拒んだところではもっとあるのかもしれません。

　いつの間にか我流に陥っている自分のやり方や考え方を他人から指摘された場合、素直にこれを聞き入れることは年齢を重ねるほど難しくなりがちです。単なる偏屈さを「こだわり」といった別の言葉に置き換えていることもありますが、それが本当に然るべき好結果を残しているかを冷静に判断してみることも必要でしょう。

　同様に、自分の実力や実績などが劣っていることが明白な時は、その現実から目をそむけたり、原因や責任を自分以外のことに押し付けたくもなります。しかし勇気をもって素直に現実を認めることで、本気で何とかしようという姿勢が生まれてくるようです。

　素直さとは無縁の私ですが、どこかで聞いた言葉がメモに記載してありました。素直に心にとめたいところです。「素直さを失ったとき、逆境は卑屈を生み、順境は自惚を生む。ただその境涯を素直に生きるがよい」

オーストラリアの集乳車

酪農場をアシスト

　道の駅など新しいハコモノを作る際、コンサルティング会社がかかわるケースは少なくありません。ところが実際にオープンしてみると、見た目は小綺麗であっても、1年もしない間に閑古鳥の鳴いている施設も少なくないようです。

　経営者は重責を負いつつ、変化する情勢に対応し、新しい技術への判断も迫られて日々を過ごしています。そんな経営者に寄り添って相談できる存在であるコンサルティングは、課題解決の推進を手助けすることができます。ビジネス業界ではこうした仕事にあたるコンサルティング・ファーム（firm）が大きな存在となっています。

　ところが、人のやることですから企業コンサルタントの技量も千差万別、きちんとした成果をもたらす人が数多くいる一方で、時に会社を左前にしてしまう人もいます。当然、「私がコンサルしたばかりに業績が悪化しました」と自ら公表するコンサルタントはいません。反対に、企業の成功を全て自分の手柄のように物語ったり、見掛け倒しの方法論や人を煙に巻くようなカタカナや専門用語を連発して専門通を気取っている人もいるようです。また、数値ばかりと向かい合って、毒にも薬にもならないようなコメントしているコンサルタントもいます。

　企業の業績改善とともに働く人々の暮らしをもっと良くするため、どのように働きかけたら真に貢献できるのかという課題に真正面から取り組むのが本来のコンサルの仕事でしょうが、働く人の心に響くことなく、小手先の技術ばかりを論じても現場のテンションは上がらないでしょう。

　コンサルが去ったあとに残ったのは"大量の資料"、なくなったのは高価なコンサル料金、そして経営や組織の様子はさして変わっていない（かえって悪化している）[1]……ということにはならないように、経営主には肝の部分を他人任せにせず、最終的に

は自分の責任で判断する、コンサルタントからの助言は、そのために「利用する」というスタンスが求められるようです。

　酪農は多岐にわたる分野から成り立っており、各部門の専門性はますます深くなっています。多くの関係機関等にはそれぞれの特定分野に知見を有する人が多くみえます。有効に利用したいところですが、その大半は部分の技術者ですから、例えば飼料設計や乳検成績の解読に興味があっても、農場の経営が好転しているか、働いている人の労働時間は適切であるか、あるいは経営主はどんな生き方に価値を見いだして働いているか、さらには農場のある地域の将来像にまで思いをはせる人は残念ながら多くはないでしょう。

　そうした点、各組合員の経営や営農のことはもちろん、生活面など多方面からサポートしている関係機関として北海道では、地域に根差した JA が際立って重要な役割を果たしています。たとえ担当職員が酪農の各分野に深い専門知識を有さなくても、各農場や地域にどんなサポートが有効であるかを熟知している人は少なくなく、またそれぞれ必要とする専門分野の知識を有する人を、技術者の人柄を含めて上手にコーディネートする力量を有しています。こうした職員は地域の宝です。

　健康を損なうと人は不安になり、腕の良い医者にかかりたいと思います。ところが経験豊富な著名な医師は、下記のような姿勢で医療にあたっており、これは技術とどう付き合って活かすべきかという点で大いに参考になります。

　「私のような専門家を技術屋だと思っている人が多い。だから何らかの技術的処置を求めて私のところに来る。確かに手技は重要だし、今日の専門技術は患者の治療に大いに役立つ。しかし私たちは、技術のせいで患者の物語を聞くことから離れてしまった。患者の物語から離れてしまったら、もはや真の医者とは言えない」[2]

　「ほとんどの場合、医師は正しい判断に到達し、適切な治療を提供する。しかし常にそうとは限らない。ではどうやって正しい判断を下せばいいのか？　すべての医師や患者が従うべき、唯一の台本などありはしない。しかし、思考のエラーを是正するための一連の試金石は存在する。医師も患者も、再び問題解決の手掛かりを探すことから始める。的確な診断への道を歩むとき、最初の迂回が生じる原因は、たいていコミュニケーションの問題である」[2]

※１「申し訳ない、御社をつぶしたのは私です。〜コンサルタントはこうして組織をぐちゃぐちゃにする〜」（カレン・フェラン著・神崎朗子訳・大和書房）
※２「医者は現場でどう考えるか」（ジェローム・グループマン著・美沢恵子訳・石風社）

出血を放置しない

　何とか営農を継続したくても経営的に立ち行かなくなり、断念せざるを得ないケースも残念ながらあります。昨日まで多くの乳牛が暮らしていた牛舎から、その声が全く聞こえなくなる淋しさは何にも代えがたいものです。

　経営的に見通しがつきづらくなりやすい予兆、それらをいくつか挙げてみたいと思います。こればかりはきれいごとを言っていられないので、やや辛辣な表現が避けられません。予めご容赦願います……。

　まず大きいのは、赤字体質と早めに真剣に向かい合わないことです。周辺の農場全てが赤字に苦しむのであれば情勢などに責任を押し付けても理屈は通るかもしれませんが、なぜ自分ばかりが儲からないのかを勇気をもって受け止めなければなりません。特に償還のきつい負債や単年度収支の赤字が継続しやすい背景を自身がつくったのであれば、まずはこれを謙虚に受け止めない限り、経営の浮上はまず相当難しくなります。そして、赤字体質からどうすれば脱却できるかを周辺の意見を参考に、最終的には自身で判断して、切迫感をもって行動することが経営困難を回避する基本となるでしょう。

　次に、場内でのコミュニケーション不足です。経営主と構成員、親子間では経営のことのみならず牛群や圃場の管理、機械メンテなどには共通認識が必要ですが、コミュニケーション不足があっては日常作業さえ支障を生じかねません。世代交代の際には必ずといっていいほど考え方や意見の相違がありますし、親世代が子の世代の経験の浅さを危惧するのは当然です。法人経営では圧倒的なリーダーが率いることで立派な経営成果を収めることがありますが、場内で意見交換する機会が希薄になることは、お互いの不信感や疑心暗鬼につながることもありますから、好ましいことではありません。時にJA担当が旗振りしてでも、現状確認と今後の取り組みなどについて率直に話し合う機会を設けることが必要でしょう。

　聞く耳を持たないことで経営を傾けてしまうケースも少なくありません。とある職場

のお局様は、朝、気の抜けた挨拶とともに事務所に足を踏み入れた後、予め若い職員に自分の机の上に置かせておいた朝刊を広げて読むことから始まります。見苦しいことこの上ない光景です。意見を言おうものなら猛烈にふてくされ何かと面倒なので放置と相成りますが、事務所全体の日頃のパフォーマンスは低下しやすくなります。経営主も我が強くて人の意見を聞き入れる力が弱いと、他人の知恵や情報を活かせなくなります。自分の考えがあることは大切ですが、その考えが間違っていたとき、修正すべきときには素直に他者の意見を受け入れる柔軟性も必要です。

　中国の長い歴史上、最も安定した治世を敷いたのが唐の時代の李世民とされています。暴走したり、勝手な自己満足に陥りやすい君主が善政を布けた大きな要因となったのは、重臣たちからの諫言（上司の過失を指摘して忠告すること）でした。苦言を呈す人を遠ざけると人は失敗しやすい宿命があるようなので、戒めの言葉を聞き入れることは自分の面子を守る以上に大切であるようです（「貞観政要」より）。農場に訪れる人の中でセールスする立場の人は、相手に批判の言葉を避けるのは必然ですし、年下の JA マンが年上の組合員に率直に意見を言うのも憚れがちです。経営主の方から「気付くことがあれば何でも言って」との相手から話を引き出すオープンマインドさは結構役に立つでしょう。

　これとは反対に、特定の人の考えを盲信している経営主にも危うさを感じます。何らかの特定の部分にこだわりが強くなると、総合的な視点を見失ってしまうことがあります。そうした外部からの偏重した助言もどきをする人は、相手の経営、時には乳牛そのものに関心がない、あるいはあるふりをするだけの人のようです。

　その他、農場内が散らかっている、いつも疲れ気味である、投資をギャンブルと取り違えている、有り得ないような支出がある、過剰な投資額に麻痺している、子牛の高い死廃率や安値販売が常態化している、苦手部門なのにどうしても自分でやりたがる、必要以上の育成牛売却が当たり前になっている、そもそも牛が好きでない、無理な多角化へと乗り出す、イエスマンに囲まれている、ルールの隙をつこうとするなどが挙がられるでしょうか……。

　経営の黄金律なるものはないようですが、会社は大きいけれども経営主が大人でないというバランスの悪さがあると、従業員は安心して仕事に打ち込みづらくなるという事例は世の中、少なくないようです。

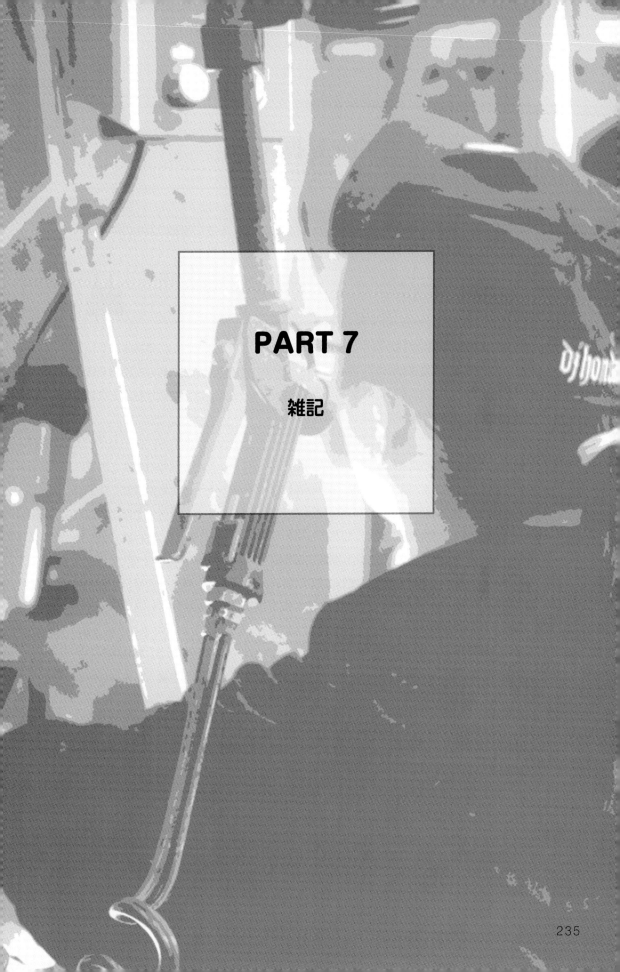

PART 7

雑記

的を見据える

　問題解決のために多くの情報を収集したくなりますが、ときに情報の洪水の中で溺れてしまいかねません。情報化ならぬ情報禍です。

　バルク乳の体細胞数がなかなか下がらず、多大な生乳のロスとともに精神的ストレスを受けていた若い酪農家がいました。心配した地域の関係機関が彼に熱心に助言を繰り返していたものの、搾乳にかかる手間や添加物などへのコストは増すばかり。それでも期待する結果とは程遠い状態が続きました。

　成果が得られなかった主な原因は、問題解決の手法にあったかと思われます。農場に助言をしていた対策チームの構成は、飼料設計コンサルタントやほぼ治療経験しかない若い獣医師、それに関係機関の主に事務系の職員などでしたから、乳房炎予防の経験を積んだ人は誰一人いませんでした。もちろん皆まじめに勉強されてきた方々でしたから、乳房炎対策マニュアルと向かい合い、搾乳立会をして課題となる点を次々と挙げ、ディッピング液の変更や添加物の使用などへの提案もしました。しかし悪く言えば、その都度、思いついた対策を解決策と称していたに過ぎず、「下手な鉄砲も数撃ちゃ当たる」的なやり方です。まぐれ当りがあるまで付き合わされる農場はたまったものではありません。

　幸い当該農場は後日、別の方が牛舎内に並んでいたキックノンを見て、乳検成績と本人の話を確認によって裏を取った上でミルキングシステムの調整を提案し、乳質は短期間のうちに大幅に改善されました。

　乳房炎に限らず、結果に対して非常に多くの要因が複雑に絡んでいるような事象は、因果関係が不明瞭で、何を原因として挙げても、少なくとも間違いではないでしょう。といって結果に大きな影響をもたらすような正解でもありません。

　そこで、なるべく早く結果に結びつける上で有効となるのが次のモデル式です。

結果＝ a 要因 A ＋ b 要因 B ＋ c 要因 C ＋……

　結果に関与する要因は数多くありますが、各要因には重みづけがあります。100点満点を狙うのであれば、全ての要因を漏れなくそれにリストアップし、この要因に対して全て対応することになります。無限の時間や手間、お金があれば別ですが、現場にはそんな余裕などありません。なるべく短時間で及第点を獲得する方が、はるかに得策です。そこで仮に各要因に対する重みづけが、

**　結果＝80 要因Ａ＋12 要因Ｂ＋3 要因Ｃ＋……**

　であれば、要因Ａへの対策に全力を傾け、余力があれば要因Ｂにも適度に働きかけ、要因Ｃ以降は結果に関与しているとはいえ、当面は注力する必要はほぼないことになります。

　結果に大きな影響を及ぼしている要因やその重みづけは、当然ながら農場ごとによって異なります。また、同一農場でも季節など諸事情によって変わることもあるでしょう。主要となる要因を絞り込んでいく上では、ある程度の基本的な知識が必要となりますが、持てる情報の中から現状を分析し、優先順位が高いと推測される要因を自分なりに考え、課題解決につながるための仮説を立ててみます。できれば複数の人がお互いに仮説を持ち合い、真剣に議論しあうと仮説の確かさを高められるでしょう。自ら仮説を立てることなく他人任せにし、誰かの言ったことをそのまま解答としていては、永遠に課題解決力は身につきません。

　一人で考えるのであれば脳内で一人会議をします。主要因を要因Ａと仮定したことに対して、なぜそう推測するのかを自分に説明し、あいまいな部分には自ら突っ込みをいれます。自分に都合のいい情報を過大評価していないか、要因Ａを主要因とすれば本当に現状を説明できるかを考え抜きます。仮説の根拠が明確でなければ、解決策ではなく単なる思いつきの域を脱しません。

　仮説の間違いは頻繁にあります。結果が期待値に届かなければ、より重要な要因を見逃したか、あるいは合ってはいても具体的な対策内容が適切でなかったことになります。しかし、失敗したときのほうが学ぶチャンスは多いでしょうし、場数を踏まずして精度の高い仮説は立てられません。仮説が正しければ、最小限の手間やコストで最大の効果を得ることができます。問題に対して100ある要因を悉く調べ上げた膨大な資料は、作成した本人がすごいと思っている程たいしたものではありません。なぜなら内容は正しいかもしれないけど、現場ではほとんど役に立たないからです。

スマートな農業 !? ①

　自動運転技術、スマホのアシスタント機能、在庫管理や掃除機、人の感情に応じたロボットの対応、土壌に応じて収量が上がるような播種など、AI（人工知能）は既に私たちの周りで次々と活躍の場を広げています。

　現在は乳牛の首や足元などに取り付けられているセンサーによって乳牛の様子を分析していますが、いつか畜舎内のカメラから得られる画像だけで、下の写真のような多岐にわたる乳牛の様子を収集できるような技術が整ってくるかもしれません。

　その一方では、搾乳ロボットやパーラーで得られるデータは、日々の乳牛の状態をモニターし続けていますから、これにカメラから24時間休みなく得られる乳牛の様子と合わせて解析すれば、管理作業に大いに有効な情報が提供される可能性はかなり高いでしょう。

　これまでは得られたデータは統計的手法に則り、整理・蓄積・解析して様々な知見を見い出してきました。しかし今後、さらに飛躍的に蓄積される膨大なデータは、これまでとは異次元の情報をもたらすことが予測されます。その際に大きな役割を果たすのはAI（人工知能）です。

　AIの進化は目覚ましく、数値の情報ばかりでなく、カメラを通じた画像、図形や自然言語など非構造的なデータまで解析し、人が想像も及ばなかった視点からも情報を提供します。

　となると AI はずいぶん賢いように思えますが、実際にはひたすら機械学習を繰り返し、エラー率を低下させ、より適切なアウトプットが求まるようにしているだけです（ディープラーニング）。そのために不可欠となるのがビッグデータです。現在、私たちが便利に利用している SNS や検索エンジン、ポータルサイトなどが無料や格安でサービスが提供されているのも、利用者から大量のデータを集めることが大きな目的であり、そこから得られる知見やノウハウを独占したり、先取りすることで大きな利益へと結びつけています。酪農も同様、多くの農場からデータを集積し、これを解析してノウハウを得れば、継続的に収益を得られるビジネスモデルを構築できる可能性があるでしょう。

　人が気づきづらい変化を察知し、酪農場の生産性を改善する情報が得られる可能性のある AI 技術には大いに期待するところですが、現段階では、まだその多くは精度的に課題があり、市販化には早すぎる感も否めないでしょう。また、いくらツールがハイテクで技術の最先端などをうたっていても、経営主が本当に利用価値を見いだせる道具であるかは、単なるブームに乗せられないように慎重に判断を下したいところです。特に酪農は他の農業と比較して因果関係が特出して複雑です。AI といえども、ひとつの働きかけが、どういった結果をもたらすのかということを精度よく分析するには、まだまだとてつもなく膨大なデータが必要となるでしょう。

　現在、酪農関連のデータ（個体識別、授精、乳検、経営、診療……）は、それを管轄するそれぞれの組織内で管理されています。そのため部分のデータに基づいたシステムは数多くありますが、分断されたデータでは総括的に乳牛を、あるいは農場全体を解析するには至りません。いつか乳牛の生産に関する情報に限らず、舎内での乳牛の行動、経営に関するデータ、授精や診療そして削蹄の情報、ゲノミック評価、市場の動向、草地や圃場の様子、畜舎内の環境や気象データといった情報を集積し、これを AI が分析することで各農場や 1 頭ずつの乳牛にとって有益なアドバイスがタイムリーに提供される時代を迎える……ことを期待したいところです。

スマートな農業！？ ②

テクノロジーは、その本質をとらえていないと「学校に電子黒板が導入されました」といったように、単なるハードありきの話になりがちです。

昨今、多くのテクノロジーを利用するための知識や技術へのハードルが低くなってきたことから、その技能を身につけた人が様々な形で応用することができるようになりました。また、特定の業界でノウハウを蓄積した会社が多角経営の一環として農業にも参入してきています。こうしたことがスマート農業を推進するひとつの原動力となっているようですが、テクノロジーと農業（特に酪農）の双方をしかと理解するのはなかなか大変なようです。

スマート農業が本当にスマートになるには匠（篤農家）の眼と頭脳、それに手をどこまで再現できるかがポイントとなるでしょう。熟練の眼で乳牛やモノの状態や本質を見抜き、豊富な経験と知識でもってどう対処すべきかを的確に考え、そして見事な腕前で速やかにやってのけるという一連の過程が、人によるスマート農業です。テクノロジーがこれにどこまで迫ることができるのかは分かりませんが、カバーできる範囲が広がれば、人は（頭をさして使わない）作業が減り、余暇やよりクリエイティブなことに時間を割くことができます。

まず「匠の眼」ですが、篤農家は五感を駆使して乳牛や圃場、機械の状態に至るまで、その様子や変化をとらえています。その観察力は驚愕に値するほどです。
その代替ツールとして、性能を飛躍的に進歩させているカメラや各種センサーには期待を寄せることができるでしょう。例えば、畜舎内に設置したカメラ画像から１頭ずつの乳牛の歩数、乗駕行動、体温や反芻、採食や横臥時間といった状況をモニターすることも可能です。さらに画像認識の技術レベルが上がれば、本当に気分の良い横臥状態であるか、反芻が弱くなっていないか、どれほど満腹を感じているか、歩様に異常はないか、警戒モードを敷いていないか、といったことまで解析できるかもしれません。そして機械の大きなメリットは、24時間休みなくモニターできること、そして蓄積させ

たデータをいつでも正確に振り返ることができることです。

　「匠の頭脳」を代替できる可能性があるのは AI（人工知能）です。これも驚くべき進歩を遂げていますが、そのバックボーンとなっているのはデータ蓄積（ビッグデータ）です。営農部門でも組勘、乳検、資材、診療、市場、圃場、バルク乳といった諸データをクラウド上で一元管理し、これを AI で解析すれば、篤農家やベテラン営農職員が察知するような対処すべき変化をいち早くかつ正確にとらえやすくなります。また、そうしたシステムがユーザーフレンドリーに構築されているほど、誰にでも使いやすいツールとなってくれます。これは既に夢物語ではありません。

　「匠の手」は、まだ搾乳ロボット、エサ寄せ、哺乳などに限られ、その投資額も大きく、使い手によって結果が異なりやすい状況にあります。それに匠の眼と頭脳が十分でないまま、手ばかりがスマートであると利用者によってもたらされる効果が異なりやすく、A さんが「いいね」の評価するものであっても、B さんにはイマイチ、C さんには経費や手間がかかっただけということもあるでしょう。ですから「機器の導入＝スマート農業の達成」とは言い難いでしょう。

　また別件となる技術ですが、優れた性能のアシストスーツが軽量で安価、着脱が簡単といった条件を備えて販売され、日々の作業にあたっている生産者の体の負担を軽減

し、匠の身体を守る存在ともなって欲しいものです。

穀物事情と今後のこと

　高度経済成長期以降に産まれた日本人は、飢餓を経験することなく生活することができました。これは非常に幸いなことですが、未来永劫、同じように食が供給され続けることは誰も保証してくれません。

　2020 ／ 21 年度、世界で「生産された穀類」と「消費された穀類」の量をみると、図のようになっています（データ：米国農務省・単位は億トン）。生産された穀類のうち「飼料向け」は全体の１／３ほどですが、トウモロコシに限ってみれば半分以

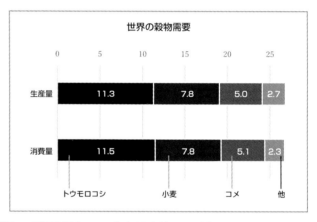

上を占めています。さらに穀類の「貿易量」は、生産量全体の１割ほどにとどまっています。つまり多くの農産物は基本的に生産国の国内消費に向けられており、主要な穀類の中で比較的貿易率が高いのは大豆[1]（約１／３）です。

※１ 穀類とは植物の種子を食用とする澱粉質を主体とする食材です。大豆は広義では穀類ですが、狭義ではイネ科植物の種子のみが穀類となるので除外されます。ちなみに大豆の世界総生産量は約 3.4 億トン。

　世界の多くの国が経済力をつけてくると畜産物の消費量が増加します。それに伴って必要とされる穀類も増えてきますが、増大する需要量に対して供給がどこまで応えられるかは不透明です。これまで日本は諸国よりも先行して経済成長してきたことで穀類を有利に購入することができましたが、数十年先の日本は多くの先進国の中のひとつという存在ですから、穀類を買い負ける可能性は十分にあり得ることでしょう。また、穀類を先物取引のマネーゲームの対象としたことで需給バランスが厳しくなると高騰しやすく、生じた歪みは一般国民や経済的に弱い国へとしわ寄せがいくようになっています。

　穀類だけでもこうした数多くの不安要素がありますが、採掘や化石燃料に依存する肥料資源の確保についても、どこまで現状のやり方が通用し続けるのかも定かでありません。種子や農薬なども一部の企業が圧倒的なシェアを握っているのは芳しくありませんし、地球規模の気候変動についても良からぬニュースを頻繁に耳にします。いくつかのこうした事実から、現状のモデルをそのまま発展させながら人類が成長を続けることは無理があるでしょう。厳しい状況となるほど自国第一主義が台頭しやすく、変革に対しては既存のシステムから利益を得ている人々から強硬な反対や圧力もあるでしょう。そして、大国にもかかわらず自国の利益を強く主張する独裁国家があると、世界が協調して環境保全や食料の安定供給に取り組んでいくという道筋も険しくなりがちです。

　巨大で複雑に絡み合ったシステムの中で、将来を見通すのはかなり困難ではありますが、持続できるレベルを超えると崩壊を招くことから、資源消費と汚染排出にかかわるコントロールは不可欠となります。

　「資源の消費や汚染の排出が持続可能な限界を超えてしまった、というシグナルに対して、人間社会がとりうる対応は、三つある。一つは、そのシグナルを否定し、隠し、混乱させる方法だ。自分たちの行き過ぎのツケを、遠くにいる人々や将来世代に押し付ける。第二の対応方法は、技術的な解決策や経済措置によって、限界からの圧縮を緩和しようとするもの。第三の対応方法は、根本的な原因に取り組むことである。一歩下がって、『現在の構造では、人間の社会経済システムは、管理不能で、限界を超えており、崩壊に向かっている』ことを認め、システムの構造そのものを変えることを考える」[2]

※2『成長の限界 人類の選択』（ドネラ・H・メドウズ他著／枝廣淳子訳／ダイヤモンド社）

　世界中で持続可能性やサステナビリティの議論が徐々に盛んになってきていますが、現実的には、成長一辺倒の現在の文化や経済にとってかなり異質なものでもありますから、実現には多くの変化を伴うことになるでしょう。時に制度や文化の基盤を変えることもあり得ます。

　何十年も間、飢える経験をすることなく過ごしてきた日本は大変に幸せな国でしたが、平成5年の冷夏によるコメの凶作でさえ国民生活に大きなインパクトとなりました。やはり国民への食糧安定供給は、国家の最重要の課題であることを忘れてはなりません。今後起こり得る変化は人々に何を求めるのかは分かりませんが、農業がエリート産業となっていく可能性も十分にあるのではないかと期待を込めて、予測しています。

キューバの医療

　イギリスの下院健康特別委員会が、次のような報告をしています。「キューバは貧しいかもしれないが不健康ではない。平均寿命と乳児死亡率は、米国のそれとほぼ同じである。さらに1人当たりの年間医療費はイギリスの10分の1以下である」

　経済的には決して豊かな国ではないキューバですが、医療と教育費は無料です。でありながら医療と教育が占める予算は全体の約20%にすぎません※。こうした少ない予算で、どうしてここまでの成果をあげられるのでしょうか。

　キューバは経済危機にあっても高い医療水準が堅持できたのは"プライマリ・ケア"が充実しているためと言われています。プライマリ・ケアとは初期診療や一次医療とも言われ、これを担っているのは「ファミリードクター（かかりつけ医）」です。ファミリードクターは住民約500人毎に配置され、その診療所は、ほぼ全国に配置されています。活動は診療にとどまらず、住民の食生活・生活習慣・衛生・精神ケアといった生活そのものをサポートする役目も担っています。初期診療で詳しい検査や入院が必要と判断された患者は、入院施設のある市町村病院が対応しますが、その2つの医療体制で8割の疾病を完治させています。さらに高度な医療が必要と判断された患者は、設備が整えられた専門病院が紹介される仕組みとなっていますが、その際にもカルテはファミリードクターと共有されます。こうした医療システムは、カストロとともに革命を成功させた、医師でもあったチェ・ゲバラの医療と教育の無償化政策から始まっています。

　キューバでは、ドクターとはいっても特権階級ではなく、その診療所は非常に質素なもので、特別に高価な診療道具も見当たりません。こうしたドクターが大切にしているものは、住民1人ずつのプロフィールを記載したファイルです。そこには「どんな仕事をしているか、家族状況はどうか、飲料水・下水や家のゴミの状態、ゴキブリ・蚊・ペットの様子、日当たりやほこり、家族がどれだけ健康の知識を持っているか、飲みすぎていないか、家庭内の問題がないか、隣人関係でストレスを抱えていないか、経済状態はどうか……」といったことが書かれています。こうしたファミリードクターと住民との

確固たるコミュニケーションがプライマリ・ケアの大きな柱となっているようです。

　こうしたシステムは、酪農家戸々の支援でも参考になるでしょう。キューバでの医療活動からも示されるよう、ファミリードクターに必要とされることは専門知識ばかりでなく、常日頃の付き合いで築き上げた住民との強固な信頼関係です。酪農界の関係機関の中でこうしたファミリードクター的な役割を担える最適機関は JA や県酪連（営農部門）でしょう。

　JA は組合員ひとりひとりの生産活動や生活を守り、地域の維持・発展という大きな使命があります。組合員にとっては、営農時はもちろん、小さな時からリタイアした後にも継続して付き合うことのできる地元に密着した相互扶助の組合です。

　JA は、それぞれの農場が持つ背景や経営内容、組合員の個性などを熟知する立場でもあり、これまでに各農場が辿ってきた歴史、現在対処したい課題、経営者や家族が思い描いている将来像などに思いをはせ、どんな支援ができるか考えて、具体的に働きかけられる存在でもあります。そのためには現場の様子を熟知し、組合員と多方面から意見交換を重ね、ゆるぎない信頼感を築き上げておくことが肝要となります（もちろん組合員が相互扶助の組織を理解し、積極的に組織や職員に意見しても、その存在をリスペクトすることも不可欠でしょう）。

　営農分野では、とかく技術や情報が重視されやすいのですが、日々生産を担っているのは外ならぬ人です。酪農現場はあくまで人が主役であって、技術あるいは技術者は名わき役の役割を果たすのが本来のあるべき姿です。また、JA 営農担当者が酪農の幅広い分野を深く知り尽くすのは無理な話ですから、農場の状況に応じて必要とされる専門分野への対処は、その都度、深い造詣を持ち合わせた人を他から調達できる力量があれば十分にその役割を果たすことができるでしょう。

※『世界がキューバ医療を手本にするわけ』（吉田太郎著・築地書館）

あとがき

　ここまで読んでくださり、本当にありがとうございます。

　あれこれ生産現場で役立ちそうなことを書き記してきましたが、改めて酪農業を支える専門分野は数多く、またそれぞれの分野が有する知見や情報の量は計り知れないことを感じました。それらをすべからく習得するのは、いかなるスーパーマンでも無理でしょうし、そもそも現場は知識の量や深さを競い合う場所でもないでしょう。やはりどれだけ上手に利用し、実践していくかに価値があり、そして最終的に私たちの取り組みに評価を下すのは、乳牛たちであり、経営成果となります。その結果を謙虚に受け止め、今後、どうやって総合得点を高めていくのかを考えていくのが現場での楽しみでもあり、しんどさでもあるといっていいかと思います。

　専門家のように深い知識を何ら持ち合わせているわけではないので、内容はほんのきっかけ程度です。ですから『ちょっとした酪農の話』というタイトルにしました。酪農の門を叩いて間もないという方にも分かりやすいようにとも心がけましたが、分かりやすく伝えることのハードルの高さを痛感しながらの執筆でした。

　今回、筆を進めていく過程で、間もなく還暦を迎える自分自身が特に反省したことをこれからの世代の方へお伝えしておくこととします。

　まず、人は自分で稼いだお金の使い道については概して慎重ですが、なぜか若い時ほど時間については自分のかけがえのない財産と深く認識することなく、浪費してしまいやすいようです。当たり前ながら、過去の自分の時間はいくらお金を出しても取り戻せません。なるべく多くの時間、自分のために本当に費やすべきことに割くように心がけて過ごしてはいかがでしょう（もちろん自分勝手に生きましょうという意味ではありませんが……）。

また、実用本や話題の本も結構ですが、やはり長い年月を経ても読み継がれる名著には秀逸した価値があります。書店に並ぶ書籍の中には名著の中身の焼き直しや現代風にアレンジしたといったものも少なくありませんから、卓越した賢人が命がけで書き上げた本と対話することに時間を割いた方が有益です。ソクラテスやファーブル、福沢諭吉など、好きに選んだ歴史上の偉人が自分のメンターになってくれることは、何とも痛快でありがたいことです。

　何だかじじくさい話ですが、筆者自身への戒めと受け流しつつ、どこか心の片隅にとどめて頂ければ幸いです。

　最後に、これまでご教授をくださった先生・諸先輩や友人、釧路管内や足寄町の酪農家の皆さま、私が至らなかったばかりに辛らつな思いをさせてしまった乳牛たち、そして両親と家族に深く感謝申し上げます。それに、大幅な遅れという言葉では説明がつかないほど脱稿に至るまで長い時間を要してしまいました。辛抱強く面倒をみてくださったデーリィ・ジャパン社編集部にも感謝いたします。ささやかに上梓したこの書籍が現場をはじめ、関係者の方々に多少なりともお役に立てば望外の喜びです。

2021 年 9 月吉日

永井 照久

永井 照久
Nagai Teruhisa

【略歴】
1961年・静岡県磐田市生まれ。帯広畜産大学（家畜育種学＆馬術部）卒業。プログラマ、教員、酪農や競走馬生産農場、北海道乳牛検定協会、JAあしょろ等を経て、2010年より現職（釧路農協連）。t.nagai@946nokyoren.or.jp
【著書】『きれいな牧場はなぜ儲かるのか?』2009年6月発刊 Dairy Japan

ちょっとした酪農の話
現場情報──何が大切? どう使う?

永井 照久

2021年10月26日発行

定価3,630円（本体3,300円）

ISBN978-4-924506-77-0

【発行所】
株式会社デーリィ・ジャパン社
〒162-0806　東京都新宿区榎町75番地
TEL 03-3267-5201　FAX 03-3235-1736
HP：www.dairyjapan.com　e-mail：milk@dairyjapan.com

【デザイン・制作】
見谷デザインオフィス

【印刷】
佐川印刷株式会社

Your Partner 全酪連

乳期の栄養科学に基づいた専用配合飼料

DRY&FRESH SE

［ ドライ&フレッシュSE ］

A.A.system concept

製品特長

- 代謝タンパクを充足させた設計で、分娩前後を支えます。
  特に不足しがちなリジン・メチオニンをソイプラス®や他の高品質原料を
  配合することで強化しています。

- 非繊維性炭水化物を活用することにより、栄養充足と分娩後のスムーズな
  食い上がりが期待できます。

- 抗酸化作用があるビタミンE を強化。セレンも配合しました。

全酪連では、各地域の情勢（自給粗飼料体系・作業体系等）に合せた「ドライ&フレッシュSE」を
供給しております。保証成分値、給与量等に関しては、最寄りの全酪連支所までお問い合わせ下さい。

牛用配合飼料　　　　ソイクロール

～ソイクロールで移行期を乗り切ろう～　　商標登録出願中

ソイクロールの特長

エネルギーコントロールのしやすさ

乾乳期の過剰なエネルギーの給与は、様々な周産期疾病の原因とされます。
ソイクロールはクローズアップ期の代謝タンパクを充足させながらエネルギーのコントロールがしやすい飼料です。

分娩後の代謝を考えたミネラルバランス (DCAD)

ソイクロールは飼料中のDCADを適正化する塩素を強化しつつ、不足しがちなマグネシウムとカルシウムも配合。

給与推奨量

クローズアップ期にて1頭あたり600g～1kg／日　　　※詳しくは弊会スタッフまで

お問い合わせ先　　 全国酪農業協同組合連合会

札幌支所 011(241)0765	仙台支所 022(221)5381	名古屋支所 052(209)5611	福岡支所 092(431)8111
釧路事務所 0154(52)1232	北東北事務所 019(688)7143	大阪支所 06(6305)4196	南九州事務所 0986(62)0006
帯広事務所 0155(37)6051	東京支所 03(5931)8011	中四国事務所 0868(54)7469	
道北事務所 01654(2)2368	北関東事務所 027(226)6851	近畿事務所 0794(62)5441	
根室駐在員事務所 01537(6)1877	栃木事務所 028(689)2871	三次事務所 0824(68)2133	

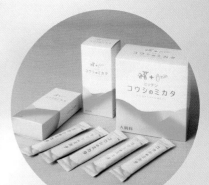

現場技術が毎月ぎっしり！

Dairy Japan